# Virtuelle Führung

Sandra Müller

# Virtuelle Führung

Erfolgreiche Strategien und Tools
für Teams in der digitalen Arbeitswelt

Springer Gabler

Sandra Müller
simply ahead
München, Bayern, Deutschland

ISBN 978-3-658-19912-8          ISBN 978-3-658-19913-5    (eBook)
https://doi.org/10.1007/978-3-658-19913-5

Die Deutsche Nationalbibliothek verzeichnet diese Publikation in der Deutschen Nationalbibliografie; detaillierte
bibliografische Daten sind im Internet über http://dnb.d-nb.de abrufbar.

Springer Gabler
© Springer Fachmedien Wiesbaden GmbH 2018

Lektorat: Stefanie Winter

Gedruckt auf säurefreiem und chlorfrei gebleichtem Papier

Springer Gabler ist Teil von Springer Nature
Die eingetragene Gesellschaft ist Springer Fachmedien Wiesbaden GmbH
Die Anschrift der Gesellschaft ist: Abraham-Lincoln-Str. 46, 65189 Wiesbaden, Germany

# Vorwort: Die Grenzen von Prognosen

*Prognosen sind schwierig,*
*besonders wenn sie die Zukunft betreffen.*
Karl Valentin (1882–1948)[1]

Die Begriffe „Globalisierung" und „Digitalisierung" sind in aller Munde.[2]

Im Gespräch mit meinen Kunden und Geschäftspartnern erlebe ich häufig, dass man die erwarteten Veränderungen intensiv erörtert, wie beispielsweise diese Punkte:

- Die beiden Megatrends verstärken sich gegenseitig durch fortwährende Wechselwirkungen. Trotz zahlreicher Studien sind die genauen Konsequenzen in Bezug auf die Gesellschaft innerhalb und außerhalb Deutschlands noch nicht komplett einschätzbar. Dabei geht es um z. B. die Anzahl der angebotenen Arbeitsplätze für verschiedene Qualifikationsniveaus, die angemessene Bezahlung und die Rolle der öffentlichen Hand für die soziale Absicherung.
- Die Produktion wie auch der Bereich der Dienstleistungen steht vielen Herausforderungen gegenüber, da sich zukünftige Technologien und die Bedürfnisse neuer wie alter Märkte auf der ganzen Welt immer schneller verändern. Der Wettbewerb und Kostendruck verstärken sich zwischen den Anbietern.

Selbst für kluge Köpfe bleiben häufig mehr Fragen als Antworten zu diesem Themenkreis. Es kommt hinzu, dass diese Antworten auch spezifisch für jedes Unternehmen und jeden Anwendungsfall gefunden werden müssen. Ein spannender Prozess, der noch lange nicht abgeschlossen ist.[3]

---

[1]Oconomicus.wordpress (2013).
[2]Bertelsmann Stiftung (2015).
[3]Bertelsmann Stiftung (2015).

Als Expertin für Kundenkommunikation und Führung gehe ich in diesem Buch den Aspekten nach, welche Veränderungen bereits an unseren Arbeitsplätzen sichtbar sind. Ich bin selbst unmittelbar und positiv betroffen: Seit fast sieben Jahren lehre ich als Hochschuldozentin an einer semivirtuellen Hochschule. Die Abstimmung zwischen Kollegen und weite Teile des Diskurses mit den Studierenden erfolgt durch digitale Medien. So erlebe ich täglich, welche Chancen und Grenzen die virtuelle Führung auf Distanz bietet.

Mit diesen Erfahrungen bin ich in Deutschland nicht mehr alleine. Laut einer Pressemitteilung der Bitkom setzt im Jahr 2017 mittlerweile jedes dritte Unternehmen in Deutschland auf die Arbeit im Homeoffice. 2014 waren es im Vergleich dazu nur zwanzig Prozent, sodass man von einem starken Trend ausgehen kann.[4]

Dies sorgt für neue, unerprobte Arbeitsmodelle. Zusätzlich wachsen die Anforderungen an internationales Denken und die Inhalts- und Zeitflexibilität steigen rasant.

Mein Zwischenfazit ist: Es handelt sich um ein sehr komplexes Thema mit vielen unbekannten Variablen. Wirft man einen Blick auf angebotene Seminare oder Fachartikel, steht dem Interessenten viel Material zur Verfügung. Oft bleiben diese Informationen jedoch eher generisch, sodass der eigene Alltag nach der Lektüre nicht unmittelbar einfacher wird.

Es steht für mich im Mittelpunkt, diese Komplexität zu reduzieren.

Ich nutze vier exemplarisch ausgewählte Praxisfälle, die zusammen mit einer Reflexionssystematik vorgestellt werden.

Schrittweise stelle ich konkrete Lösungsansätze für die spezifischen Anwendungsfälle vor, die in den Unternehmen tatsächlich zum Einsatz kamen. Die Rahmenbedingungen bespreche ich im Kap. 3, in dem die Anpassungsleistung der Instrumente vorgestellt und beurteilt wird. Alle Namen und Firmendaten habe ich verfremdet, um die Anonymität meiner Kunden zu schützen.

Ich lade den Leser dazu ein, alle Schritte auch aus ihrer oder seiner Perspektive zu prüfen und mit den Lösungsvorschlägen aus der Praxis zu vergleichen. So können Sie Ihre individuellen Schlüsse für den Transfer ziehen: für Ihren Alltag – in Theorie und Praxis.

Dabei spielt es keine Rolle, ob Sie als Führungskraft oder Experte bereits mehr oder weniger Erfahrung mit der Zusammenarbeit auf Distanz gesammelt haben. Die Fallbeispiele sind für jeden Hintergrund geeignet, wenn sie auch unterschiedliche Schwerpunkte beleuchten.

Diesen Aspekten schenke ich besondere Aufmerksamkeit:

- Welche Herausforderungen stellen sich Teams, deren Kooperation teilweise oder komplett auf virtueller Zusammenarbeit basiert?
- Welches Problembewusstsein (oder Lösungsbewusstsein) ist bei den Führungskräften in den Fällen zu beobachten?

---

[4]Bitkom ist eine Anwendervereinigung in der Informationstechnologie, die zu aktuellen Fragen Studien durchführt, Bitkom (2017).

- Welche Methoden stehen den Führungskräften für das Tagesgeschäft oder besondere Momente der Teamentwicklung zur Verfügung?
- Sind neue Strategien oder Tools nötig? Wenn ja: sind diese Instrumente in der digitalen Arbeitswelt wirkungsvoller als klassische Führungsansätze?

Ich wünsche Ihnen beim Lesen und Durcharbeiten der Praxiskapitel viel Freude.

München                                                              Dr. Sandra Müller
im September 2017                              Expertin für Kundenkommunikation
                                                                          und Führung

# Inhaltsverzeichnis

# Abbildungsverzeichnis

# Tabellenverzeichnis

## 1.1 Das Führen virtueller Teams

In diesem Buch steht die Führung virtueller Teams im Mittelpunkt. Diese Besonderheiten fallen auf, wenn man ein Präsenzteam mit einem virtuellen Team vergleicht:

- Ein virtuelles Team ist eine räumlich verteilte Arbeitsgruppe[1]. Diese Organisationsform ermöglicht die Zusammenarbeit über geographische, zeitliche und auch organisationale Grenzen hinweg.
- Die Arbeitsgruppe arbeitet auf der Grundlage von Arbeitsaufträgen zusammen und erbringt gemeinsame Ergebnisse.
- Die Kommunikation und Kooperation in den virtuellen Teams erfolgt im Schwerpunkt durch die Nutzung von Informations- und Kommunikationstechniken wie z. B. E-Mail, Telefon, Fax, Videokonferenz, Chats oder spezieller Software für Arbeitsgruppen. Auf Face-to-Face-Kommunikation wird meist verzichtet bzw. sie ist aufgrund der räumlichen Entfernung nur selten durchführbar.

Die unterschiedlich ausgeprägte Identifikation mit dem Unternehmen oder der Abteilung ist ein wichtiger Einflussfaktor, wenn die Mitarbeiter an verschiedenen Standorten oder Städten tätig sind. Das virtuelle Team ist zudem immer häufiger „kulturell gemischt",

---

[1]In der Fachliteratur ist eine Unterscheidung zwischen „Team" und „Arbeitsgruppe" üblich, wenn es darum geht, auf die mehr oder weniger starke gemeinsame Ausrichtung in der Zusammenarbeit hinzuweisen. Autoren, die sich mit virtueller Führung befassen, verweisen darauf, dass es sich um Arbeitsgruppen handelt. Die Heterogenität der Mitglieder steht bei diesem Argument im Mittelpunkt. Trotzdem hat sich der Begriff „virtuelle Teams" durchgesetzt. Vergleiche dazu z. B. Riethmüller, M./Boos, M. [12], Hertel, G. [6], und Kondradt, U./Hertel, G. [9].

© Springer Fachmedien Wiesbaden GmbH 2018
S. Müller, *Virtuelle Führung*,
https://doi.org/10.1007/978-3-658-19913-5_1

d. h. die Mitglieder haben nicht die gleiche Landeskultur oder Arbeitssprache, weil sie in verschiedenen Ländern arbeiten. Trotz der aufgezählten, möglichen Unterschiede muss das virtuelle Team im Alltagsgeschäft in Bezug auf gemeinsame Ziele und Werte koordiniert werden. Die Aufgabe der Führungskraft ist es die Zusammenarbeit so zu gestalten, dass Vertrauen und konstruktive Arbeitsbeziehungen entstehen, um die Zielerreichung bei bester Qualität zu sichern. Dies ist eine besondere Herausforderung, weil sich die Teammitglieder selten oder nicht häufig persönlich treffen.[2]

**Der Führungsalltag ändert sich durch diese Anforderung tiefgreifend**

- Die Mitarbeiter sind am Arbeitsplatz täglich auf sich allein gestellt. Sie pflegen wenig direkten oder informellen Kontakt zueinander. Es fällt ihnen häufig schwer, Vertrauen zueinander aufzubauen und das Engagement für die Projektarbeit oder die Arbeit in der Linie aufrecht zu erhalten. Die Aufgabe von Führungskräften ist es daher in besonderem Maße, den Teamzusammenhalt, das Vertrauen und die Motivation der Mitarbeiter immer wieder zu stärken.
- Ideale Maßnahmen von Seiten der Führungskräfte sind es, wenn sie regelmäßige computergestützte Treffen – via Video- oder Webkonferenz – organisieren und dafür die nötige Medienkompetenz beim Team aufbauen.
- Die Mitarbeiter sind am Arbeitsplatz zu Hause auf sich alleine gestellt. Gespräche in Arbeitspausen entfallen, die viele zusätzliche Informationen sichern. Die Anforderungen an das Projektmanagement steigen, denn virtuelle Teams sind klarer zu beauftragen, Verantwortlichkeiten eindeutiger festzulegen, Ziele sind deutlicher zu kommunizieren und die Aufgabenkoordination muss noch transparenter erfolgen als dies in Präsenzteams bereits der Fall ist.
- Die Mitarbeiter in virtuellen Teams benötigen kompetentes Feedback, um die Ziele zu erreichen. Der informelle Austausch zwischen Kollegen über das Arbeitsgeschehen fällt weg. Führungskräfte bevorzugen häufig die direkte Kommunikation Face-to-Face, da sie so differenzierter und effektiver auf ihre Gesprächspartner reagieren können. In einem virtuellen Team müssen die Führungskräfte Kommunikationsmedien einsetzen, um ihr Team zu erreichen. Die Manager benötigen also auch eigene Medienkompetenz, d. h. sie müssen wissen, welche Medien für Feedbackgespräche zur Verfügung stehen und wie sie am wirksamsten eingesetzt werden können. In der Praxis liegt die größte Hürde darin, dass die psychologischen Voraussetzungen der Mediennutzung unterschätzt werden. Es ist wichtig zu verstehen, welche Mitarbeiter mit welchen Medien oder Programmen gerne arbeiten.
- Auch bei reibungslos funktionierender Kommunikationstechnik ist es wichtig, die Einschränkungen der Medien hinsichtlich der übermittelten Kontextinformationen

---

[2]Kauffeld, S. [7], Riethmüller, M./Boos, M. [12], Hertel, G. [6], und Kondradt, U./Hertel, G. [9].

(z. B. Körpersprache, Mimik, Stimme), zu erkennen und durch einen überlegten und gezielten Einsatz von Kommunikationsstrategien zu kompensieren.[3]

Betrachtet man diese Aufzählung, wird schnell klar: es ist auch für erfahrene Führungskräfte eine anspruchsvolle Aufgabe, ein virtuelles Team erfolgreich zu führen. Offen bleibt für den Augenblick die Antwort auf die Frage: Wie aussichtsreich ist es in einem virtuellem Team, für gute Ergebnisse in der täglichen Führungsarbeit zu kämpfen? Der Weltkonzern IBM hat im Jahr 2017 dieses Thema neu bewertet:

**Kehrtwende eines Branchenriesen**
Im April 2017 meldete der Branchenriese IBM, dass man in den USA wieder auf Präsenzteams setze, um eine wahrgenommene Lücke zur Produktivität der Wettbewerber zu schließen. Die Meldung sorgte für eine hohe Aufmerksamkeit, denn IBM gilt als der Pionier der Telearbeit.

Michelle Peluso, die Marketing-Chefin von IBM, ist für diese Veränderung verantwortlich. Sie ist die ehemalige Chief Excecutive Officer (CEO) des Online- Modehauses Gilt.com und der City Bank und bringt zweifelsfrei Erfahrungen in der virtuellen Zusammenarbeit mit. Peluso plant, die Marketing-Teams von IBM an sechs zentralen Orten in den USA zu bündeln. Weitere Regionen in der Welt sollen folgen. „Heimarbeit war eine großartige Strategie für die Achtziger- und Neunzigerjahre", behauptet Peluso, „aber jetzt passt das nicht mehr."[4]

IBM kämpft seit 21 Quartalen gegen sinkende Umsatzzahlen. Aktuell ist es noch nicht absehbar, ob es sich bei diesem Vorgehen um ein verdecktes Verschlankungsprogramm handelt. Voraussichtlich werden nicht alle Mitarbeiter diesem Strategiewechsel folgen (können oder wollen). Wahrscheinlich wird IBM durch diese Maßnahme Arbeitnehmer verlieren. Das Unternehmen nimmt jedoch für sich in Anspruch, dass die angekündigte Neuausrichtung im Marketing ein inhaltliches Konzept zur Grundlage habe. Das Ziel sei es, die Innovationskraft im Unternehmen zu stärken.

Die persönliche, direkte Zusammenarbeit sei heute der Schlüssel für Innovation, gab Peluso an. Sie sagt dazu weiter: „Ich habe lange Zeit darüber nachgedacht und lange mit den verschiedenen Teams gesprochen – und angefangen mit den USA, ist es wirklich höchste Zeit für uns, die Teams zusammenzubringen, damit sie Schulter an Schulter zusammenarbeiten können". Sie kenne nur ein Rezept für den Erfolg, vor allem wenn es um eine Schlacht mit den Wettbewerbern an der West Coast gehe, und das sei, die richtigen Leute mit den richtigen Fähigkeiten mit den passenden Werkzeugen und einer Mission auszurüsten und sicherzustellen, dass sie ihre Ergebnisse analysieren können. Wichtig dabei sei auch eine Umgebung, die die Kreativität fördert.

---

[3]Riethmüller, M./Boos, M. [12], Hertel, G. [6], und Kondradt, U./Hertel, G. [9].
[4]Schindler, M. [13].

Peluso begründet ihre Entscheidung damit, dass vergleichbare Unternehmen wie Facebook oder Apple bis zu zwei Millionen Dollar Umsatz pro Jahr und Mitarbeiter machten, IBM dagegen nur 200.000 US$. Es gebe natürlich auch produktive Mitarbeiter außerhalb dieser Niederlassungen, aber sie sehe in einem Team, das zusammenarbeitet, einen besonderen „X-Faktor".[5]

Folgt man der Argumentation von IBM, erscheinen Zweifel an der Produktivität virtueller Teams – zumindest im Kontext von Innovation oder Marketing – angemessen. Dieser Hinweis ist mir von meinen Kunden auch in Bezug auf andere Arbeitsfelder im Unternehmen bekannt. Viele Gesprächspartner äußern sich skeptisch, wenn es um Telearbeit jenseits von Ausnahmen geht.

In Deutschland wird diese Diskussion zudem gerne verdeckt geführt. Nicht selten sind es Argumente, die mit der Work-Life-Balance von weiblichen Mitarbeitern zu tun haben (sollen), die für Arbeitstage im Homeoffice sprechen.[6]

Diese – von persönlichen Eindrücken – geleiteten Beobachtungen widersprechen auf den ersten Blick dem steigenden Einsatz von Homeoffices in Deutschland. Dann ließ mich der Beitrag „Gefangen im Internet von gestern" des ZDF am Juni 2017 aufhorchen: Nur 75 % der Nutzer in Deutschland profitieren an schnellen Internetleitungen, besonders ländliche Regionen gelten als abgeschlagen. Damit liegt Deutschland im internationalen Vergleich nur im Mittelfeld. Zudem hält jedes dritte Unternehmen in Deutschland aktuell die eigene Digitalisierung für unnötig. Die vergleichsweise schlechte Abdeckung in Deutschland mit schnellen Internetan-schlüssen für private Haushalte wie für Unternehmen tue zu dieser passiven Haltung in Bezug auf die Digitalisierung ein Übriges.

Ob diese Barrieren hauptsächlich mental oder technisch begründet sind, blieb in der Reportage offen und ist ohne systematische Untersuchung schwer zu beurteilen. Die von der Bundesregierung ins Leben gerufene *Digitale Agenda 2014–2017* setzt zusammen mit dem Programm *Digitale Strategie 2025* zahlreiche Impulse auf beiden Ebenen.[7] In der Mikroebene der täglichen Führungsarbeit spielen neben der technischen Ausrüstung und deren kompetenter Bedienung durch die Mitarbeiter zweifelfrei das Menschenbild und die Unternehmenskultur eine wichtige Rolle.

Dieses Buch unterstützt Sie dabei, Ihren persönlichen Weg für Ihren Arbeitsplatz oder Ihr Unternehmen zu finden. Lesen Sie in den folgenden Abschnitten, wie Sie es ideal nutzen können.

---

[5]Schindler, M. [13].
[6]Müller, S. [10].
[7]Bitcom [4], ZDF Mediathek [14], BMWI [5].

## 1.2    Wie Sie das Buch für Ihren täglichen Erfolg nutzen

Mein Buch wendet sich an Führungskräfte virtueller Teams – vom Junior bis zum versierten Führungsprofi. Es bietet didaktisch aufbereitetes Material, wenn Sie konkrete Auskünfte zu spezifischen Themen suchen. Ich unterstütze Sie mit Arbeitsblättern und Checklisten: Zur Selbstreflexion, zur Kommunikation mit dem Team und rund um die gelungene Zielerreichung. Lesen Sie nachfolgend, wann Sie das Buch besonders anspricht.

**Sie sind eine Führungskraft aktuell ohne digitale Führungsaufgaben**
Sie haben bereits erfolgreich Führungserfahrung gesammelt. Um sich selbst auf die Zukunft vorzubereiten, möchten Sie mehr erfahren über innovative Arbeitsmodelle und die Chancen der virtuellen Zusammenarbeit im Alltagsgeschäft.

- Das Buch bietet Ihnen einen Blick auf die Unterschiede und Gemeinsamkeiten zwischen Präsenzteams und virtuellen Teams. Sie erhalten auf der Grundlage von Praxisfällen einen Eindruck über die möglichen Konsequenzen, die das für den Führungsalltag haben kann.
- Sie verfolgen aus der Sicht der Führungskraft verschiedene Stufen der Selbstreflexion. Parallel dazu lernen Sie, mit welchen Werkzeugen Sie die Bedarfslage im Team analysieren und beschreiben können. Sie haben die Gelegenheit, die in den Fällen vorgestellten Lösungsstrategien in Bezug auf Ihre konkrete Anwendungssituation zu prüfen. So sind Sie gut gerüstet, wenn auch in Ihrem Unternehmen der Anteil an virtueller Führung wächst.

**Sie sind eine Führungskraft mit teilweise digitalen Führungsaufgaben**
Sie führen in Ihrem Team Mitarbeiter, die ganz oder teilweise im Homeoffice tätig sind. Ihre Ergebnisse sind zufriedenstellend. Sie fragen sich allerdings, wie man die Kooperationsleistung im Team noch weiter entwickeln kann.

- Sie lernen, welche Schwierigkeiten in Kommunikation und Motivation als Klassiker gelten, wenn es im Team Mitarbeiter im Homeoffice gibt. Ich stelle Ihnen die Perspektive der Mitarbeiter, des Kollegenkreis und die Sicht der Führungskraft vor.
- Technische Hilfsmittel werden ebenso thematisiert wie die nötigen Voraussetzungen in Bezug auf Vertrauen in der Zusammenarbeit oder die Bedeutung gemeinsamer Wertvorstellungen. Im Mittelpunkt stehen praxisnahe Erfolgsstrategien und deren gelungene Implementierung, die Sie ganz oder teilweise auf Ihren Alltag übertragen können. So erweitern Sie Ihr Repertoire an Führungsinstrumenten und sichern die langfristige Zielerreichung Ihrer Abteilung.

**Sie sind eine Führungskraft, deren Mitarbeiter dauerhaft an verschiedenen Standorten arbeiten**
Die Situation ist nicht neu für Sie, gerade deshalb möchten Sie Ihre Führungsleistung auf den Prüfstand stellen und Anregungen einholen.

- Mit dem Buch erfahren Sie, wie Sie Qualitätsprobleme erfolgreich lösen, Mitarbeiter motivieren, binden und für ein Gemeinschaftsgefühl in der Abteilung – auch über verschiedene Standorte hinweg – sorgen können.
- Sie suchen nach weiteren Werkzeugen für Ihren Führungsalltag. Der Reflexionsleitfaden macht sie vertraut mit verschiedenen praxisnahen Interventionsmöglichkeiten. Die Lösungen dienen als Vergleich zu Ihrem Arbeitsalltag und dessen spezifischen Herausforderungen. Durch die Arbeitsschritte im Buch und die kommentierte Toolbox lernen Sie, wie Sie die Werkzeuge für Ihre Zielerreichung anpassen können.
- Auch die kontinuierliche Qualifikation der Mitarbeiter in Bezug auf die neuen Arbeitsmethoden können Sie auf der Grundlage der Praxisfälle reflektieren und mit Ihrer Praxis vergleichen. So gelingt es Ihnen, Ihre Kompetenzen zu aktualisieren oder mögliche Lücken in der Selbst- bzw. der Fremdwahrnehmung zu erkennen.

**Sie sind eine Führungskraft mit Verantwortung für Teams oder einzelne Mitarbeiter in verschiedenen Ländern**
Sie sind international erfahren und kennen die Herausforderung der Zusammenarbeit auf Distanz aus der eigenen Praxis. Barrieren wie Sprachprobleme, die Arbeit in verschiedenen Zeitzonen oder Anlaufschwierigkeiten mit der Kommunikationstechnik haben Sie bereits mehrfach erfolgreich überwunden.

- Ihr Ziel ist es, den Einfluss unterschiedlicher Kulturen auf die virtuelle Zusammenarbeit noch besser einzuschätzen. Das Buch unterstützt Sie dabei, die nötigen Voraussetzungen für die gelungene Zusammenarbeit bereitzustellen: in Bezug auf Ihre Führungsleistung, die Abläufe und die Technik in Ihrer Abteilung und die Prozesse im gesamten Unternehmen.
- Die Lektüre führt Sie an verschiedene kurz- und mittelfristig relevante Interventionen heran. Darüber hinaus gibt das Buch Ihnen auch die Gelegenheit, Ihren Blick zu schärfen, welche Kriterien es nahelegen, ein Unternehmens-programm rund um „digital cooperation" aufzulegen. So sind Sie – falls dies aus Ihrer Sicht benötigt wird – in der Lage, nicht nur Einzellösungen für Ihre Abteilung zu bedenken, sondern auch einen breiteren Veränderungsprozess im Unternehmen anzustoßen und kompetent zu begleiten.

**Der Aufbau in drei Kapitel**
Das Buch ist in drei Teile untergliedert (siehe Abb. 1.1), um Ihnen das schrittweise Lesen und Durcharbeiten zu erleichtern:

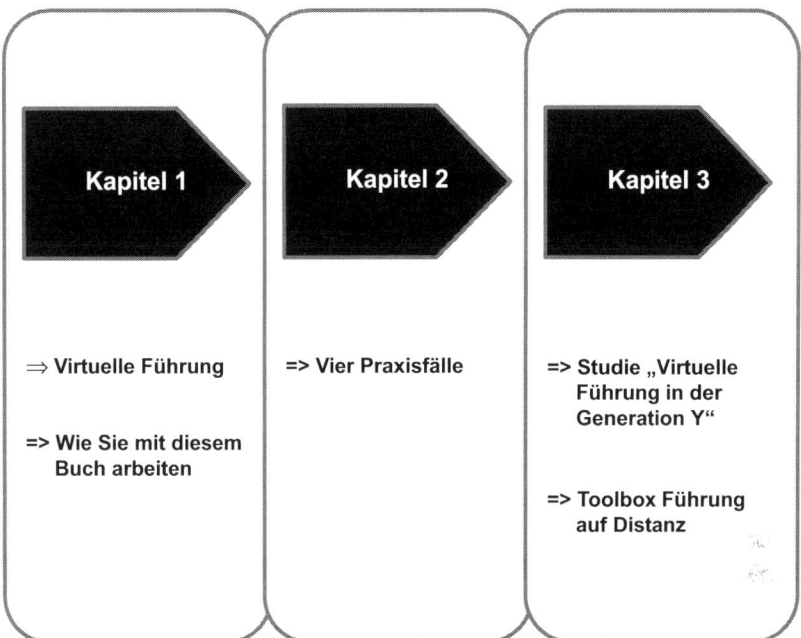

**Abb. 1.1**  Übersicht über den Aufbau und die Inhalte im Buch

- Sie beginnen damit, die wichtigsten Unterschiede und Gemeinsamkeiten zwischen konventioneller Führung und Führung auf Distanz zu vergleichen.
- Anschließend begleiten Sie die Führungskräfte in vier Praxisfällen dabei, wie sie ihre Leistung unter dem Aspekt „virtuelle Führung" prüfen und in diesem Reflexionsprozess ganz oder teilweise neu ausrichten. Sie lesen, wie die weiblichen und männlichen Manager ihre Herausforderungen im Alltag von der Idee bis zur erfolgreichen Umsetzung lösen.
- Anschließend stelle ich Ihnen die Ergebnisse einer Studie vor, die ich mit angehenden Führungskräften rund um die virtuelle Zusammenarbeit durchgeführt habe. So können Sie die Werkzeuge – ergänzend zu meinen Reflexionen – zusätzlich in den Kontext der Bedürfnisse der Generation Y stellen und eigene Prognosen anstellen.
- Im letzten Teil des Buches finden Sie die kommentierte Zusammenfassung aller vorgestellten Arbeitsmethoden und Instrumente. Mit dieser Sammlung reflektieren Sie die Vor- und Nachteile der Werkzeuge. Sie lernen, die Methoden auf Ihren Anwendungsfall anzupassen. So stellen Sie sich einen persönlichen Methodenkoffer für das People Management in der digitalen Welt zusammen.

**Informationen für Schnell- und Querleser**

Sie möchten sich trotz Zeit- und Entscheidungsdruck informieren? Sehr gerne komme ich auch Schnell- und Querlesern entgegen: Sie finden nachfolgend Orientierungspunkte, um sich auch gezielt zu einem Anliegen zu informieren:

- Eine Übersicht zum Aufbau und den Inhalten im Buch
- Leseanleitungen, wie Sie mit den Kap. 1, 2 und 3 erfolgreich arbeiten
- Inhaltsangaben der Praxisfälle, um gezielt zu lesen oder ausgewählte Themen zu rekapitulieren.

**Wie Sie mit Kap. 1 arbeiten**
- Sie finden Wissenswertes über virtuelle Führung zu Beginn des 1. Kapitels.
- Im Abschnitt „Wie Sie mit diesem Buch arbeiten" finden Sie eine Leserorientierung und hilfreiche Übersichten.

**Wie Sie mit Kap. 2 arbeiten**

Die Fallbeispiele stammen aus meiner Praxis als Beraterin, Trainerin und Coach. Die Herausforderungen regional agierender Mittelständler werden dabei ebenso ernst genommen, wie die Fragestellungen eines internationalen Global Players. Die Fälle sind nach Grad der Komplexität in Bezug auf die tägliche Kooperationsleistung geordnet.

**Diese Anwendungsfälle für virtuelle Führung stelle ich Ihnen vor**
- Eine Abteilung mit Präsenzarbeit vergrößert sich durch mehrere Telearbeiter
- Ein Team ist dauerhaft auf verschiedene Standorte in Deutschland verteilt
- Eine Projektgruppe interagiert in hohem Maße virtuell aufgrund vieler Dienstreisen der Projektmitarbeiter
- Ein Unternehmen integriert zwei neue Firmenstandorte im Ausland. Die beiden betroffenen Abteilungen arbeiten virtuell mit Kollegen in USA und China.

**Die Praxiskapitel bearbeiten Sie in fünf Schritten**
1. Der erste Schritt (siehe Abb. 1.2) stellt Ihnen eine fallbezogene Klärungssystematik vor, die Sie wie ein roter Faden dabei unterstützt, alle Herausforderungen der Führungskraft im Praxisfall zu erfassen und gemeinsam mit ihr oder ihm zu analysieren.
2. Im zweiten Schritt reflektieren Sie Ihre Einschätzung zum Praxisfall. Sie nutzen ein Arbeitsblatt im Buch für diesen Zweck.
3. Im dritten Schritt stehen die Lösungsschritte der Führungskraft im Mittelpunkt: die eingesetzten Strategien und Tools werden vorgestellt. Sie lernen Arbeitsbögen und Checklisten kennen. Die Praxisfälle bieten zusätzlich Praxistipps oder Hintergrundinformationen, mit denen der Protagonist im Fall gearbeitet hat.

**Abb. 1.2** Aufbau der
Praxiskapitel

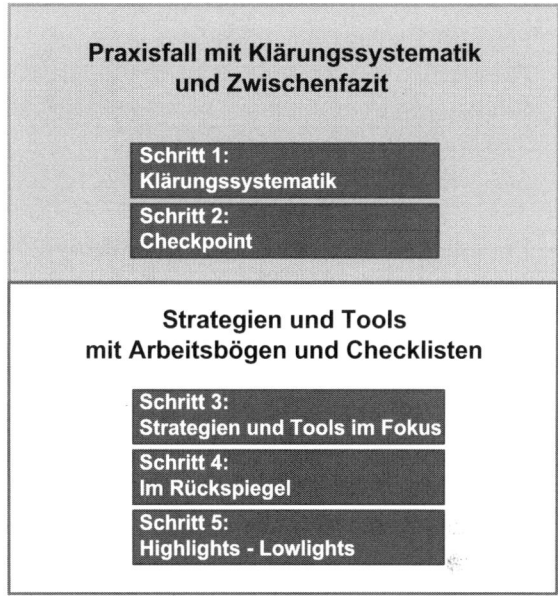

4. Der vierte Schritt erzählt das Fallbeispiel zu Ende: Sie erfahren, wie sich die Führungskraft im Fallbeispiel verhalten hat, um die Herausforderungen im Team oder im
Unternehmen zu meistern.
5. Im fünften Schritt bespreche ich in der Rubrik „Highlights and Lowlights" die gelungenen und weniger gelungenen Schritte in der Führungsleistung. Am Ende des Kapitels sind Sie eingeladen, Ihre Lernfortschritte zusammenzufassen und Ihre Eindrücke
rund um den Praxisfall zu dokumentieren.

**Inhalte der Praxisfälle in Kap. 2**
Damit Sie auch in Lesesituationen unter Zeitdruck „Ihren perfekten Fall" nachschlagen
können, finden Sie hier eine Vorschau auf die Inhalte der Praxisfälle:

- das Fokusthema des Praxisfalls
- die Schlüsselbegriffe, die ich fallspezifisch – jedoch ohne Anspruch an wissenschaftliche Vollständigkeit – erkläre
- die Systematik zur Reflexion und Klärung der Anforderungen an die Führungskraft
- die Interventionswerkzeuge und wie sie genutzt werden.

**Praxisfall 1: Kollegen im Homeoffice einbinden**
Fokusthema: Selbstwahrnehmung als Führungskraft kontinuierlich schärfen
Schlüsselbegriffe: Selbst- und Fremdwahrnehmung bearbeiten
Systematik: Blick in den Spiegel
Strategien und Tools: Einzelne Interviews, Klimabefragungen im Team

**Praxisfall 2: Teammitglieder in einer anderen Stadt**
Fokusthemen: Zeitnahe Diagnose, um die Handlungsoptionen zu erweitern
Schlüsselbegriffe: Beziehungs- und Sachebene, Teamentwicklung
Systematik: An den Start
Strategien und Tools: Visualisierung, Workshop mit Kreativtechniken und moderierten Sachdiskussionen

**Praxisfall 3: Zusammenarbeit zwischen verschiedenen Abteilungen**
Fokusthema: Kontrollverlust akzeptieren
Schlüsselbegriffe: Soziogramm anstatt Organigramm für die Konfliktlösung
Systematik: Licht ins Dunkel
Strategien und Tools: Drei-Stufen-Kommunikationsplan

**Praxisfall 4: Kooperation im globalen Geschäftsmodell**
Fokusthemen: Globalisierung und Digitalisierung
Schlüsselbegriff: Organisationsentwicklung
Systematik: Neuland entdecken
Strategien und Tools: Programm- und Projektmanagement, um die virtuelle Zusammenarbeit im Unternehmen zu etablieren.

**Wie Sie mit Kap. 3 arbeiten**

Im Abschn. 3.1 Erwartungen an Führungskräfte in der digitalen Welt stelle ich Ihnen die Ergebnisse einer Studie mit zukünftigen Führungskräften vor. Die Daten stammen aus dem Winter 2016/2017 und Sommer 2017. Es wurden VertreterInnen der Generation Y befragt. Die Auswertung gibt Hinweise darauf, wie wichtig auch in innovativen, digitalen Arbeitsformen die zwischenmenschliche Interaktion ist. Die Studie liefert Ihnen eine zusätzliche Interpretationshilfe für die Praxisfälle und deren Lösungsstrategien.

Unter dem Gliederungspunkt Abschn. 3.2 finden Sie den „Werkzeugkasten für die virtuelle Führung". Dort habe ich die wichtigen Instrumente der vier Praxisfälle zusammengefasst und in Bezug auf ihre Anwendung im konkreten Anwendungsfall besprochen. Die kommentierte Zusammenfassung erleichtert es Ihnen, die Inhalte unkompliziert auf Ihren individuellen Alltag zu übertragen.

# Literatur

1. Bertelsmann Stiftung (2015), https://www.bertelsmann-stiftung.de/fileadmin/files/user_upload/Policy-BriefGlobalisierung_Digitalisierung_und_Einkommensungleichheit-de_NW_01_2015.pdf, Zugriff am 06.06.2017.

2. Bitcom (2012), Social Media in deutschen Unternehmen, Studie im Vorfeld der KnowTech 2012, Zugriff am 15.05.2017.

3. Bitcom (2013), Einsatz und Potenziale von Social Business für ITK-Unternehmen, Studie im Vorfeld der KnowTech 2013, Zugriff am 15.05.2017.

4. Bitcom (2017), Jedes dritte Unternehmen bietet Arbeit im Homeoffice an, Presseinformation, https://www.bitkom.org/Presse/Presseinformation/Jedes-dritte-Untershynehmen-bietet-Arbeit-im-Homeshyoffice-an.html, Zugriff am 12.06.2017.

5. Bundesministerium für Wirtschaft und Energie (BMWI), http://www.bmwi.de/Redaktion/DE/Artikel/Digitale-Welt/digitale-agenda.html, Zugriff am 13.06.2017.

6. Hertel, G. (2002). Management virtueller Teams auf der Basis sozialpsychologischer Theorien: Das VIST Modell, in E. H. Witte (Hrsg.), Sozialpsychologie wirtschaftlicher Prozesse, Seiten 172–202, Lengerich, et.al.

7. Kauffeld, S. (2014), Arbeits-, Organisations- und Personalpsychologie für Bachelor, Berlin Heidelberg.

8. Konradt, U./Hertel, G. (2002). Management virtueller Teams: von der Telearbeit zum virtuellen Unternehmen, Weinheim.

9. Konradt, U./Hertel, G. (2007). Telekooperation und virtuelle Teamarbeit. München.

10. Müller, S. (2010), Familienfreundliche Personalpolitik, Fachartikel in Anlehnung an einen Kongressbeitrag der Evangelische Akademie Tutzing im Juni 2010, in Tutzinger Blätter, November 2010, Seiten 22–25.

11. Oconomicus, https://oconomicus.wordpress.com/2013/10/24/prognosen-sind-schwierig-besonders-wenn-sie-die-zukunft-betreffen, Zugriff am 06.06.2017.

12. Riethmüller, M./Boos, M. (2011), Zwischen Aufgaben-Medien-Passung und Teamleistung: Ein Blick in die Blackbox der Kommunikation. Wirtschaftspsychologie, 13 (3), Seiten 21–30, Lengerich, et.al.

13. Schindler, M. (2017), IBM schafft Homeoffice ab, http://www.silicon.de/41640402/ibm-schafft-homeoffice-ab/?inf_by=58e327312ad0a1bb1ec6ae6e, Zugriff am 01.05.2017.

14. Zweites Deutsches Fernsehen (ZDF), Heute-Journal, Mediathek, Beitrag „Gefangen im Internet von gestern" vom 12.06.2017, https://www.zdf.de/nachrichten/heute-journal/heute-journal-clip-3-320.html, Zugriff am 13.06.2017.

# Erfolgreiche Strategien und Tools

2

## 2.1 Kollegen im Homeoffice ideal einbinden

### 2.1.1 Praxisfall

**Praxisfall**

Das Unternehmen „Schnellgewachsen" ist Marktführer für eine technische Lösung, die in der Automobilbranche eingesetzt wird. Der Mittelständler war in den letzten Jahren sehr erfolgreich. Es wurde zur Herausforderung, die benötigten Ingenieure und andere qualifizierte Mitarbeiter für das Unternehmen zu gewinnen. Um dem Wunsch der Mitarbeiter nach mehr Work-Life-Balance Rechnung zu tragen, wurden auch Arbeitsplätze im Homeoffice angeboten. Es kam hinzu: das Unternehmen wuchs so rasant, dass Büro- und Meetingräume zur Mangelware wurden. Für „Schnellgewachsen" war es eine Entlastung, neue Mitarbeiter ganz oder für einzelne Tage von zu Hause aus in den Arbeitsprozess einzubinden. Auch für das Personalmarketing war dieser Schritt ein Vorteil, denn so wurde das Unternehmen überregional für Mitarbeiter attraktiv. Der Managementkreis war sich bei der Entscheidung sicher: im Internet-Zeitalter wird sich die virtuelle Zusammenarbeit ohne Probleme organisieren lassen. Soweit die Theorie. Der Abteilungsleiter Dirk Schlickenrieder stand in der Praxis vor einigen Herausforderungen.

Dirk Schlickenrieder ist eine erfahrene Führungskraft, die ihren Mitarbeitern ein hohes Maß an Freiraum einräumte. Seit mehr als zehn Jahren leitete er ein Team von zehn Personen. Im letzten Jahr waren wegen des hohen Arbeitsanfalls drei Ingenieure und zwei Sachbearbeiter dazu gekommen, sodass aktuell fünfzehn Experten dort tätig waren.

© Springer Fachmedien Wiesbaden GmbH 2018
S. Müller, *Virtuelle Führung,*
https://doi.org/10.1007/978-3-658-19913-5_2

Die neuen Kolleginnen und Kollegen kamen nur an ausgewählten Tagen für Besprechungen ins Büro. Sie arbeiteten normalerweise im Homeoffice. Eine Ingenieurin, Monika Huber, war nach der Familienzeit wieder halbtags für das Unternehmen tätig. Auch sie hatte einen Telearbeitsplatz, ergänzt durch regelmäßige Gespräche vor Ort.

Die Belegschaft fand schnell eine spaßige Bezeichnung für diese Kollegen: das „E-Mail-Team". Dirk Schlickenrieder lachte am Anfang noch mit. Bald bemerkte er jedoch, dass die Zusammenarbeit nicht rund lief. Kontinuierliche Absprachen fanden nicht statt. Es fehlte ein gemeinsames Vorgehen. Man vergaß häufig, die Online-Kollegen über Arbeits- oder Abteilungsveränderungen zu informieren. Sorgen machte er sich trotz seiner Beobachtungen nicht. Es wird sich schon einspielen, war sein optimistisches Resümee der Lage.

Die Tagespolitik mit den kleinen Höhen und Tiefen drang ohnehin nicht ins virtuelle Team durch. Selbst Monika Huber, bisher bei allen anerkannt, musste immer wieder dafür sorgen, dass man ihre Person und ihre Hinweise wahrnahm. Sie war die erste aus dem Kreis des „E-Mail-Teams", die auf die schwierige Zusammenarbeit mit dem Rest der Abteilung hinwies. Dirk Schlickenrieder staunte allerdings, als auch das Feedback für ihn negativ ausfiel: Frau Huber fühlte sich nicht ausreichend wertgeschätzt. Oft musste sie auf dem gemeinsamen Laufwerk mühselig nach Informationen suchen, weil sie nicht komplett in den Workflow eingebunden war. Das Feedback auf ihre Ergebnisse dauere zu lange. Insgesamt stagniere sie in ihrer fachlichen Entwicklung. Das lag auch an den Routineaufgaben, die man ihr seit Monaten zunehmend übertrug. Sie sei keine Mitarbeiterin zweiter Klasse, oder etwa doch?

Dirk Schlickenrieder reagierte betroffen. Offensichtlich hatte er das Klima in Team falsch eingeschätzt und sein Führungsverhalten nicht an die neuen Arbeitsbedingungen angepasst. Er nahm diese Einsicht zum Anlass, mit allen neuen Kollegen zu sprechen. Nach der ersten Schüchternheit mangelte es nicht an Hinweisen. Jochen Schulze drückte es so aus:

> Ich fühle mich nicht integriert. Die gemeinsamen Ziele des Teams verstehe ich noch nicht, das merke ich deutlich. Auch das Verständnis für die Zielvorgaben scheint nicht immer korrekt, wie mir die Reaktionen auf meine Ergebnisse schon mehrfach gezeigt haben. Irgendwie bin ich ständig „außen vor", obwohl ich alles motiviert erledige. Nach einigen Monaten fühle ich mich verunsichert, was meine Leistungen angeht. Es fehlt mir die kontinuierliche Rückmeldung zu meinen Aufgaben. Unsere Telefonate, Herr Schlickenrieder, sind meist unter Zeitdruck geführt und zudem nicht so häufig. Das Feedback der Kollegen ist mir hier zu wenig. Es kommt noch hinzu: ich möchte gerne einen wertvollen Beitrag leisten. Die Qualität der Aufgaben ist auf Dauer dazu aber nicht geeignet. Mir kommt es so vor, als würden die Kollegen im Office sich immer die besten Stücke des Kuchens reservieren.

Herr Schlickenrieder widersprach nicht. Er stimmte Monika Huber und Jochen Schneider sogar im Stillen zu. Er hatte es buchstäblich verschlafen, wie gewohnt die gerechte Verteilung spannender Prestigeaufgaben zu steuern und dies dem Team überlassen. Auch er neigte dazu, die „unsichtbaren virtuellen Mitarbeiter" aus dem Blick zu verlieren. Es war klar: Mit seiner selektiven Wahrnehmung musste jetzt Schluss sein. Offensichtlich hatte er die Anforderungen unterschätzt, virtuelle Mitarbeiter über die räumliche Distanz erfolgreich zu führen. Er verstand plötzlich, dass die veränderte Konstellation im Team auch von ihm eine angepasste Herangehensweise verlangte.

Dirk Schlickenrieder kam als Führungskraft gut an. Dabei war es ihm wichtig, eine lockere Atmosphäre im Team zu fördern. Kontrolle ersetzte er durch Vertrauen, denn er fand „ein bisschen Luft im Getriebe" sei für alle angenehmer. Bisher war dies sein Erfolgsrezept: Dirk Schlickenrieder prahlte gerne mit seinen exzellenten Zufriedenheitswerten der jährlichen Mitarbeiterbefragungen. Fluktuation kannte er in seiner Abteilung nicht. Es war zeit- und kostenintensiv gewesen, die neuen Mitarbeiter zu gewinnen. Er wollte niemand aus dem Team verlieren. Jetzt überlegte Dirk Schlickenrieder, wie er die Situation in den Griff bekam. Er wollte allen Mitarbeitern gerecht werden und als Abteilung auch in der neuen Konstellation für „Schnellgewachsen" den gewohnten Beitrag leisten.

> **=> Aufgabenstellung und Problemanalyse**
> Das Unternehmen „Schnellgewachsen" ist erfolgreich und benötigt im Wachstum weiteres Personal. Das ist eine Herausforderung auf dem leergefegten Arbeitsmarkt für Ingenieure in der wirtschaftlich gut gestellten Region in Süddeutschland. Gleichzeitig gibt es ein Raumproblem, denn der Neubau ist noch nicht fertig gestellt. Arbeitsplätze im Homeoffice scheinen aus der Sicht der Unternehmensleitung eine gute Lösung. Diese Strategie stellt langjährige Führungskräfte wie Dirk Schlickenrieder allerdings vor unerwartete Herausforderungen in der täglichen Praxis. Die Anpassung im Führungsverhalten an die veränderte Ausgangslage steht noch aus.
>
> **Systematik: Blick in den Spiegel**
> 1. Schritt: Führungsstil identifizieren und aktualisieren
> 2. Schritt: Checkpoint
> 3. Schritt: Praxisgerechte Maßnahmen ableiten
> 4. Schritt: Im Rückspiegel – wie ging der Praxisfall weiter?
> 5. Schritt: Highlights and Lowlights im Praxisfall „Kollegen im Homeoffice ideal einbinden"

Dirk Schlickenrieder entschließt sich dazu, sein Führungsverhalten zu prüfen. Begleiten Sie ihn durch die nächsten Schritte:

**Ihr Lernvorteil:** Mit dieser Systematik erhalten Sie einen Leitfaden, um Ihr aktuelles Führungsverhältnis zu prüfen und – falls nötig – Anhaltspunkte für eine Nachjustierung zu erkennen. Die Führungsarbeit mit Mitarbeitern im Homeoffice steht im Mittelpunkt.

**1. Schritt: Führungsstil identifizieren und aktualisieren**

Erfahrene Führungskräfte und Nachwuchsmanager stehen häufig vor einer gemeinsamen Herausforderung. Der Abgleich zwischen Selbst- und Fremdbild verläuft nicht immer zutreffend, wenn auch aus anderen Gründen. In Schritt 1 erfahren Sie, wie Sie Ihre Selbsteinschätzung verbessern können.

---

**Praxistipp**

Im Laufe der Zeit schleichen sich – auch bei erfolgreichen Führungskräften – Ungenauigkeiten oder Nachlässigkeiten in der Führungskommunikation ein. Einerseits kann man sich vonseiten des Teams auf wohlwollende Interpretation verlassen, weil ein gegenseitiges Vertrauensverhältnis besteht.

Andererseits ist es wertvoll für das Betriebsklima, wenn die Zusammenarbeit motivierend für alle verläuft. Die gut verständliche Auftragsklärung in der Abteilung, die wertschätzende Durchsprache der Arbeitsergebnisse und präzises Feedback für die Mitarbeiter sind dafür wichtig. Wenn die Mitarbeiter spüren, wie ernst Chefin oder Chef diese Verpflichtung täglich nehmen, entwickelt sich die Zusammenarbeit weiterhin positiv. Damit dies auch in Phasen mit hohem Arbeitsanfall gelingt, lohnt es sich, die eigene Wirkung immer wieder auf den Prüfstand zu stellen.

---

Dirk Schlickenrieder hörte sich am gleichen Tag noch bei anderen Führungskräften um. Bei einem informellen Mittagessen mit drei anderen Abteilungsleitern besprachen sie „den Fall". Die Debatte war lebhaft: Die anderen Manager wollten von Störungen in der Zusammenarbeit durch die Kombination aus virtueller und nicht-virtueller Zusammenarbeit noch nichts bemerkt haben. Die Leiterin des Finanzbereichs, Marion Schiller, machte gut gelaunte Späße über die sensiblen Ingenieure. Dirk Schlickenrieder nahm den Spott der Runde sportlich. Er war stolz darauf, dass sein Team offen mit ihm gesprochen hatte. Es schien ihm wichtig, dass sich alle Mitarbeiter wohl fühlten, um täglich für das Unternehmen ihr Bestes zu geben.

Nach dem wenig informativen Treffen mit seinen Kollegen ging Dirk Schlickenrieder in der Personalabteilung vorbei. Dort fragte er, ob man ihm ein passendes Seminar empfehlen konnte. Da der nächste Termin erst in drei Monaten angeboten wurde, suchte er im Internet nach Informationen, um die Anliegen seiner Mitarbeiter besser zu verstehen. Schnell erkannte er: gut gemeint ist oft das Gegenteil von gut gemacht. Offensichtlich war sein Kommunikationsstil noch nicht ideal, um ein Team der Arbeitswelt 4.0 zu motivieren. Er folgt einer Systematik in zwei Schritten, um mehr Klarheit über sein Auftreten im Team zu erreichen. Begleiten Sie Dirk Schlickenrieder bei seinen Überlegungen:

**a) Selbstbild zeichnen**

Dirk Schlickenrieder arbeitete sporadisch mit einem Coach, der ihn schon seit einigen Jahren bei seiner Persönlichkeitsentwicklung unterstützte. Jetzt schien ihm der Moment gekommen, ein paar Stunden mit Markus Müller zu planen. Im Gespräch unterstützte der Coach seinen Klienten bei der Selbstreflexion mit diesen Fragen:

**Fragen**

1. Was sind für Sie die wichtigsten Aufgaben einer erfolgreichen Führungskraft?
2. Was hat sich an diesem Aufgabenspektrum verändert, seit Sie in Ihrem Team auch Mitarbeiter auf Distanz führen? Warum?
3. Beschreiben Sie mir, bei welchen Führungsaufgaben Sie sich wohl fühlen?
4. Welche Aufgaben machen Ihnen bei der Leitung Ihrer Abteilung gerade weniger Spaß?
5. Wie zufrieden sind Sie mit Ihrer Führungsleistung auf einer Skala von 0–10 (0 steht für „nicht zufrieden" und 10 für „sehr zufrieden"). Warum?

Dirk Schlickenrieder merkte, dass es ihm schwer fiel, spontan zu antworten. Schmunzelnd betrachte Markus Müller sein Gegenüber. Unter Coaches gilt es als gutes Zeichen, wenn beim Klienten eine Phase des Nachdenkens einsetzt und die Antworten auf die Fragen nicht „wie aus der Pistole geschossen" erfolgen. Warum? Dies gilt als Zeichen dafür, dass ein wertvoller Reflexionsprozess beim Klienten begonnen hat. Lesen Sie weiter, welche Gedanken Dirk Schlickenrieder durch den Kopf gingen und wie er daraus schrittweise Lösungen für seinen Job erarbeitete:

Zu 1)  Ich finde es wichtig, für alle im Team eine motivierende Arbeitssituation zu schaffen: Durch die Aufgaben und durch den Stil der Zusammenarbeit. Alle sollen sich wohlfühlen und mit Freude an unseren ambitionierten Zielen arbeiten. Mir ist es wichtig, niemand zu gängeln. Die Ergebnisse zählen für mich. Trotzdem bin ich jederzeit ansprechbar für meine Leute.

Zu 2)  Die Arbeitsweise in der gesamten Abteilung hat sich verändert. Bereits gut gelöste Herausforderungen im Workflow oder in der Kooperation zwischen den Kollegen sind plötzlich wieder ein Gesprächsthema. Die Mitarbeiter mit Telearbeitsplatz benötigen mehr Aufmerksamkeit durch mich als die Experten vor Ort. Warum? Die räumliche Distanz zwischen dem Büro und dem Homeoffice sorgt auch für eine emotionale Distanz. Das ist mir jetzt klar.

Zu 3)  Die Zusammenarbeit mit den Kollegen im Büro macht mir Spaß. Ich kann mich auf die Truppe verlassen. Es liegt mir, Arbeitsaufgaben zu koordinieren und Hilfestellung anzubieten. Dabei delegiere ich viele Entscheidungen an das Team. Insgesamt bevorzuge ich einen lockeren Führungsstil, weil es mir gelingt durch ein Lächeln oder eine lustige Bemerkung das gewünschte Verhalten bei meinem Team zu erzeugen. Das hilft uns allen mehr als eine Excel-Liste, um den Arbeitsstatus im Detail nachzuhalten.

Zu 4)  Der Umgang mit den Kollegen im Homeoffice ist anstrengend. Ich fühle mich verunsichert, was die Telearbeiter auf der Beziehungsebene von mir erwarten. Mir ist nicht klar, wie viel Kontakt trotz der räumlichen Distanz möglich – nötig – sinn-voll oder übertrieben ist. Wahrscheinlich ist das auch für jeden Mitarbeiter unter-schiedlich, oder der Kontaktwunsch ändert sich mit der Aufgabe. Dazu kommt: Das Einvernehmen zwischen den Neuen und meinen Stammmitarbeitern scheint gestört zu sein. Das nervt mich. Ich habe viel für die Arbeitsatmosphäre getan und jetzt löst sich das gegenseitige Vertrauen vor meinen Augen auf. Ich gerate eben-falls in die Kritik, obwohl ich mich jeden Tag bemühe für alle eine gute Führungs-kraft zu sein. Das ist frustrierend, auch wenn ich schuld bin an der Lage.

Zu 5)    Vor einer Woche hätte ich noch anders gesprochen. Aktuell sehe ich mich höchs-tens auf dem Wert einer „fünf". Ich bin enttäuscht von mir.

Dirk Schlickenrieder blickte auf den Flipchart, auf den Markus Müller die Reflexionen schrittweise dokumentiert hatte. Noch fühlte er sich unsicher in Bezug auf die nächsten Schritte. Allerdings freute er sich darüber, langsam ein klareres Bild von sich und der Situation zu erstellen.

Die Abb. 2.1 zeigt Ihnen die Meilensteine der Gedankenarbeit von Dirk Schlickenrieder.

**Das Fazit von Dirk Schlickenrieder**

- Präzise Anleitungen sind nicht mein Ding. Ich verlasse mich meist darauf, dass sich alles ohne großen Aufwand von alleine regelt. Jetzt muss ich dringend den veränder-ten Workflow mit der passenden Methode – durch neue Aufgaben, Kollegen und mehr Technik — mit dem Team beschreiben.

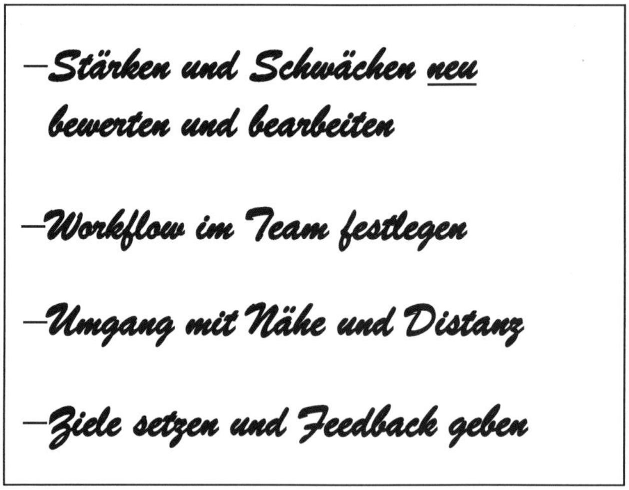

*—Stärken und Schwächen <u>neu</u> bewerten und bearbeiten*

*—Workflow im Team festlegen*

*—Umgang mit Nähe und Distanz*

*—Ziele setzen und Feedback geben*

**Abb. 2.1**  Reflexionsergebnisse

- Meine Stärken kommen bei Mitarbeitern im Homeoffice nicht voll zur Geltung, da diese Kollegen nur wenig vom freundschaftlichen Umgang im Team profitieren.
- Ich biete meinem Team viele Freiräume an. Diese sorgen bei den neuen Kollegen eher für Orientierungslosigkeit als für Motivation. Echte Bindung zur Abteilung oder zu „Schnellgewachsen" entsteht so nicht. Mit meinem legeren, wenig direktivem Verhalten wirke ich nachlässig auf die Neuen, anstatt kollegial. Damit hatte ich nicht gerechnet.
- Ich habe die Kollegen im Homeoffice zu wenig in die Abteilungsvorgänge einbezogen. Auch mein Präsenzteam erscheint nicht auf die neue Konstellation vorbereitet.
- Das Setzen von klaren Zielen muss ich besser im Auge behalten. Auf dem Weg dahin benötigen alle mehr Zwischenfeedbacks als ich aktuell anbiete. Das ist besonders wichtig für die Kollegen im Homeoffice. Wahrscheinlich ist es sinnvoll, dies auch bei den Präsenzkollegen stärker zu verfolgen.[1]

Dirk Schlickenrieder blickte ernüchtert auf seine Notizen. Aus Erfahrung wusste er: Seine Wahrnehmung war nur eine Seite der Medaille. Er hatte nun ein Bild von seiner Performance als Führungskraft gezeichnet. Trotzdem war es nötig, auch sein Team systematisch zu befragen. Er benötigte Klarheit über seine Wirkung auf die Abteilung. Natürlich war er mit seinen kleinen Schwächen vertraut. Eine Rückmeldung dazu hatte es schon öfter gegeben. Nun sollte es darum gehen, seine Selbstreflexion in Bezug auf die aktuelle Situation im Team durch einen „Blick in den Spiegel" zu ergänzen. Lesen Sie nachfolgend, wie Dirk Schlickenrieder weitermacht:

**b) Upward-Feedback abfragen und Selbstbild aktualisieren**
Dirk Schlickenrieder entschied sich für einen moderierten Workshop mit seinem Team. Zu Beginn des Workshops dürfen die Mitarbeiter die Führungsleistung von Herrn Schlickenrieder einschätzen. Dirk Schlickenrieder bewertet sich gleichzeitig selbst. Ein Moderator unterstützt die Auswertung und stellt eine vergleichende Ergebnisübersicht zusammen. Dann hilft er dem Team dabei, die Gemeinsamkeiten und die Unterschiede zwischen der Teamrückmeldung und der Selbsteinschätzung der Führungskraft zu verstehen und zu bewerten. Das Ziel ist es, für die weitere Zusammenarbeit sinnvolle Vereinbarungen zu treffen. Dirk Schlickenrieder und sein Team setzten diesen Fragebogen ein[2]:

---

[1]Döring, N. [3].
[2]Raab-Steiner, E./Benesch, M. [13].

**1) Vorbild sein: Vertrauen aufbauen und Auftreten**

a) Sein Auftreten ist überzeugend

☐ trifft überhaupt nicht zu ☐ trifft eher nicht zu ☐ weder noch ☐ trifft eher zu ☐ trifft voll zu

b) Unsere Führungskraft meint, was er sagt

☐ trifft überhaupt nicht zu ☐ trifft eher nicht zu ☐ weder noch ☐ trifft eher zu ☐ trifft voll zu

c) Er stellt konstruktive, vertrauensvolle Beziehungen zu den Mitarbeitern her

☐ trifft überhaupt nicht zu ☐ trifft eher nicht zu ☐ weder noch ☐ trifft eher zu ☐ trifft voll zu

**2) Wirkungsvolle Kommunikation**

a) Unsere Führungskraft vermittelt komplexe Sachverhalten verständlich

☐ trifft überhaupt nicht zu ☐ trifft eher nicht zu ☐ weder noch ☐ trifft eher zu ☐ trifft voll zu

b) Sorgt für alle wichtigen Informationen rund um meine Arbeit

☐ trifft überhaupt nicht zu ☐ trifft eher nicht zu ☐ weder noch ☐ trifft eher zu ☐ trifft voll zu

**3) Lernen fördern**

a) Er delegiert Verantwortung im Einklang mit den Fähigkeiten

☐ trifft überhaupt nicht zu ☐ trifft eher nicht zu ☐ weder noch ☐ trifft eher zu ☐ trifft voll zu

b) Er stellt die nötigen Ressourcen bereit

☐ trifft überhaupt nicht zu ☐ trifft eher nicht zu ☐ weder noch ☐ trifft eher zu ☐ trifft voll zu

c) Er gibt konkrete Hinweise darauf, wie und was die Mitarbeiter lernen sollen, um ihre Ziele noch besser zu erreichen

☐ trifft überhaupt nicht zu ☐ trifft eher nicht zu ☐ weder noch ☐ trifft eher zu ☐ trifft voll zu

d) Er erkennt und fördert das Potenzial seiner Mitarbeiter

☐ trifft überhaupt nicht zu ☐ trifft eher nicht zu ☐ weder noch ☐ trifft eher zu ☐ trifft voll zu

**4) Ziele festlegen und dazu hinführen**

a) Er formuliert anspruchsvolle Ziele

☐ trifft überhaupt nicht zu ☐ trifft eher nicht zu ☐ weder noch ☐ trifft eher zu ☐ trifft voll zu

b) Er schätzt den Schwierigkeitsgrad der Aufgaben korrekt ein

☐ trifft überhaupt nicht zu ☐ trifft eher nicht zu ☐ weder noch ☐ trifft eher zu ☐ trifft voll zu

c) Er gibt zeitnah gut verständliches Feedback

☐ trifft überhaupt nicht zu ☐ trifft eher nicht zu ☐ weder noch ☐ trifft eher zu ☐ trifft voll zu

**5) Ergebnisorientierung**

a) Er versetzt die Mitarbeiter in die Lage, alle Reibungsverluste in der Abteilung selbstständig lösen

☐ trifft überhaupt nicht zu ☐ trifft eher nicht zu ☐ weder noch ☐ trifft eher zu ☐ trifft voll zu

b) Er denkt über die kurzfristige Erfüllung der Abteilungsziele und Anforderungen der Mitarbeiter und internen Kunden hinaus

☐ trifft überhaupt nicht zu ☐ trifft eher nicht zu ☐ weder noch ☐ trifft eher zu ☐ trifft voll zu

Dirk Schlickenrieder ermittelte dieses Ergebnis für seine Führungsleistung:

- Bei den Fragen 1 (Vorbild sein), 3 (Lernen), 4 (Ziele erreichen) und 5 (Ergebnisorientierung) bewertete er sich mit „befriedigend" mit kleinen Abweichungen.
- Bei der Frage 2 (Wirkungsvolle Kommunikation) gab er sich die Note „nicht zufriedenstellend".

Die Auswertung ließ keinen Zweifel zu: Dirk Schlickenrieders Selbstbewusstsein war im Keller, weil er mit seiner Leistung nicht zufrieden war. In Abb. 2.2 sehen Sie, seine Selbsteinschätzung als Grafik.

Im Workshop waren alle Mitarbeiter anwesend. Sie wurden bereits mit der Einladung über die Zielsetzung des Workshops informiert. Die Stimmung in der Gruppe war positiv. Es gefiel Ihnen, dass Ihr Chef auf die Hinweise der Mitarbeiter reagierte und die Arbeitssituation im Team in einem so professionellen Rahmen gemeinsam mit ihnen diskutierte. Diesen kooperativen Führungsstil waren die Stammmitarbeiter von Dirk Schlickenrieder gewohnt. Die neuen Kollegen aus dem „E-Mail-Team" waren überrascht von der Initiative des Chefs. Sie fanden die Reaktionsschnelle von Dirk Schlickenrieder beeindruckend. Trotz der bisher kurzen Zusammenarbeit fühlten sie sich wohl mit der Idee, in einer großen Runde gemeinsam über die Zusammenarbeit und die Rolle von Dirk Schlickenrieder nachzudenken. Die Anwesenheit eines Moderators vermittelte zusätzlich Sicherheit. Falls die Gespräche wider Erwarten hitzig werden würden, sorgte der neutrale Experte sicher schnell wieder für einen konstruktiven Verlauf der Diskussion.

Zu Beginn stellte der Moderator die Agenda des Workshops vor:

| | |
|---|---|
| 10:00 Uhr | Begrüßung, Vorstellen des Programms, Klären der Zusammenarbeit |
| 10:15 Uhr | Anonymes Ausfüllen der Bögen |
| 10:45 Uhr | Ergebniszusammenfassung und –darstellung durch den Moderator |
| 11:00 Uhr | Vergleich zwischen dem Teamergebnis mit dem Ergebnis von Dirk Schlickenrieder |
| 11:15 Uhr | Pause |
| 11:45 Uhr | Feedback von Dirk Schlickenrieder zur Teambewertung |
| 12:00 Uhr | Moderierte Diskussion zwischen Team und Dirk Schlickenrieder zu den nächsten Schritten |
| 13:00 Uhr | Gemeinsames Fazit, nächste Schritte und Ende |

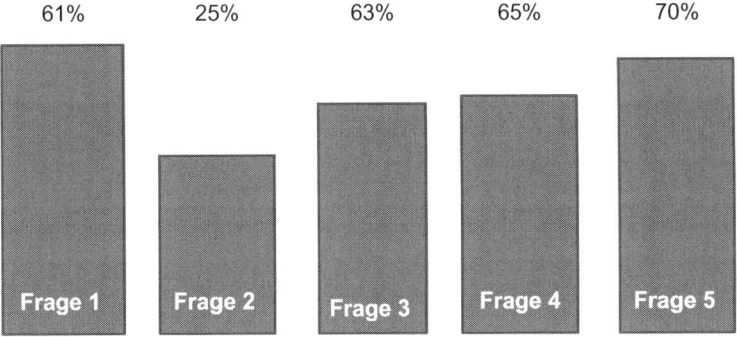

**Abb. 2.2**  Selbsteinschätzung von Dirk Schlickenrieder

Der Moment war gekommen: Das Ergebnis lag vor. Der Moderator hat die Einschätzung des Teams im Vergleich zu der Selbstsicht von Dirk Schlickenrieder gesetzt (siehe Abb. 2.3):

Das Team gab Dirk Schlickenrieder durchgängig bessere Noten als von ihm befürchtet. Allerdings stimmte es mit ihm überein, was die Ausprägung seiner aktuellen Stärken und Schwächen anging:

- Die Aspekte „Kommunikation" (Frage 2) und „Ziele setzen" (Frage 4) schnitten schlechter ab als die anderen drei Dimensionen. Hier schien in den letzten Monaten auch aus der Sicht des Teams einiges schief gelaufen zu sein.
- Herrn Schlickenrieder fiel ein Stein vom Herzen: immerhin waren die Ergebnisse zu „Vorbild sein" (Frage 1) und „Ergebnisorientierung" (Frage 5) mit „gut" bewertet worden. Über diese Anerkennung freute sich auch eine erfahrene Führungskraft.

Aus der Perspektive des Moderators stellte sich eine ideale Situation: Team und Führungskraft sahen einen Optimierungsbedarf an den gleichen Stellen.

Nach der Pause kamen alle zu Wort, um konstruktive Hinweise zu geben oder Verständnisfragen von beiden Seiten zu beantworten. Monika Huber stellte zu Beginn die Frage, die alle interessierte: „Herr Schlickenrieder, warum haben Sie sich zu diesem Workshop entschlossen? Wir fanden das – ich spreche für alle Kollegen im Team – super. War unser Feedback wegweisend für Sie?" Dirk Schlickenrieder und der Moderator wechselten einen zufriedenen Blick. Das Eis war eindeutig gebrochen.

Herr Schlickenrieder antwortete wahrheitsgemäß: „Erst habe ich nicht verstanden, was Sie mir sagen wollten. Ich fühlte mich sogar angegriffen. Ich bin schließlich

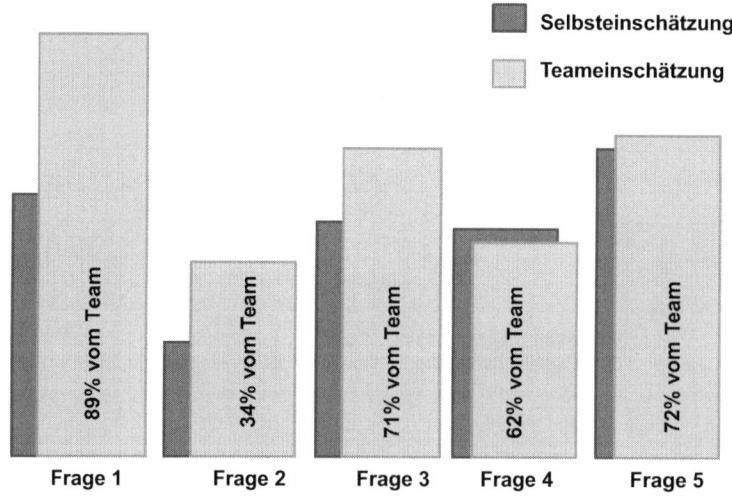

**Abb. 2.3**  Gegenüberstellung Teamergebnis und Selbsteinschätzung

ein Abteilungsleiter mit Erfahrung. Mit der Zeit wirkten Ihre Worte wie eine Medizin. Immer deutlicher sah ich die Situation durch Ihre Augen. Die klare Rückmeldung der neuen Kollegen kam dann noch hinzu und gab mir zusätzlich zu denken. Ich verstand: Es war höchste Zeit, mich mit dem ganzen Team an einen Tisch zu setzen – für eine Lagebesprechung." Da mussten alle grinsen.

Das folgende Gespräch war wertvoll für die Abteilung. Jeder Beitrag wurde gehört, Missverständnisse erkannt und ausgeräumt. Nicht nur zwischen Chef und der Belegschaft, sondern auch innerhalb des Teams. Der Moderator sorgte dafür, dass die Gruppe eine Vielzahl von Verbesserungsvorschlägen auf der Grundlage der ausgetauschten Beobachtungen ausarbeitete.

**Die Notizen von Dirk Schlickenrieder zu den Kritikpunkten**
- Die technische Ausstattung im Unternehmen war geeignet für die Arbeit auf Distanz. Die Unordnung auf dem gemeinsamen Laufwerk stammte noch aus früheren Zeiten. Sie machte es dem „E-Mail-Team" jedoch unnötig schwer, einen Überblick zu erhalten. Die Struktur der gespeicherten Informationen war bisher nicht unter dem Aspekt der Zweckmäßigkeit für die virtuelle Zusammenarbeit geprüft worden. Es kam hinzu, dass nicht alle im Team das Laufwerk nutzten. Es war bisher kein Muss in der Abteilung. So fehlten immer wieder aktuelle Daten. Das war eine weitere Fehlerquelle bei der Aufgabenerledigung von zu Hause.
- Die Zielvorgaben vom Chef wirken auf die neuen Kollegen vage. Es fiel auch den „alten Hasen" auf, dass die Aussagen von Dirk Schlickenrieder nicht immer präzise waren. Manchmal vergaß er auch, einen veränderten Sachstand oder neue Anforderungen mitzuteilen. Wurde es hektisch, widersprachen sich die Aussagen auch schon mal. Das Team formulierte es so: Dirk Schlickenrieder sei „mehr strategisch als operativ". Ohne Aufforderung kam vom Chef nicht immer ein Feedback oder eine gewünschte Erklärung. Da man sich gut kannte, hielt man den vorbeieilenden Herrn Schlickenrieder bei Bedarf kurz am Jackett fest und fragte nach. Das war im Homeoffice nicht möglich. Und plötzlich war einer der Gründe gefunden, warum der Informationsstand zwischen Präsenzteam und Onlineteam manchmal unterschiedlich war. Als Folge kam es zu kleinen Konflikten und die Stimmung im Team litt.
- Selbstverständlich wurden auch die Stärken von Dirk Schlickenrieders Führungsstil genannt. Dies passierte allerdings in typisch deutscher Manier erst nach der Diskussion über seine Schwächen. Der erfahrene Moderator konnte dies trotz deutlicher Interventionen nicht verhindern. Die Mitarbeiter bewunderten die fachliche Expertise von Dirk Schlickenrieder. Sie schwärmten von seiner Motivation, seiner Zuverlässigkeit und Loyalität. Dies beschrieben in erste Linie die Stammmitarbeiter. Die neuen Kollegen erlebten so aus den Berichten – mangels eigener Erfahrungen – eine erfreuliche Facette bei ihrem Chef. Das hob die Stimmung zusätzlich.
- Natürlich wollten auch die neuen Kollegen nicht von ihrer Führungskraft kontrolliert werden. Ein bisschen „Nestwärme" war jedoch gewünscht. Täglich ein Kontakt in Form von Feedback oder einer Nachfrage zum Projektverlauf würde helfen, damit

sich alle willkommen fühlen. Die Telearbeiter schoben dann noch rasch ein Anliegen ans Team hinterher: Bitte sorgt dafür, dass wir Neuen nicht länger als nötig auf einen Rückruf oder eine E-Mail-Antwort aus dem Büro warten müssen. Wir sind sonst im Arbeitsfluss blockiert und verlieren Zeit. Das Stammteam gab sofort seine Einwilligung.

- Alle waren sich einig: Die technische Ausstattung aber auch die Arbeitsweise in der Abteilung mussten einer Prüfung unterzogen werden. Viele Informationen werden im Büroalltag bisher eher informell ausgetauscht. Für einen strukturierten Kommunikationsprozess – vielleicht sogar mit verschiedenen Tools – gab es bisher keinen Anlass. Jetzt fehlte den Telearbeitern allerdings häufig Input, ohne dass eine böse Absicht vorlag. Es hatte sich niemand die Mühe gemacht, eine Art Abteilungsprotokoll über wichtige Fakten des Tages an die Neuen weiter zu reichen. Das hatte Konsequenzen, denn es kam häufiger zu Fehlern in den Homeoffices. Die Einarbeitungsphase dauerte länger als bei Betroffenen und Beobachtern erwartet. So passierte es fast schon automatisch, dass man der Kompetenz der neuen Kollegen misstraute. Das gegenseitige Vertrauen litt, denn die Kollegen mit Telearbeitsplatz fühlten sich unnötig kritisiert und – zu Recht, wie jetzt alle bestätigten – nicht immer auf dem Laufenden.

- Die neuen Kollegen wünschten sich zum Kompetenzaufbau mehr Feedback und eine deutliche Anleitung durch den Chef. Das fanden auch die Stammmitarbeiter sinnvoll. Auch sie wollten, im eigenen Fachgebiet immer noch besser werden. Dirk Schlickenrieder sollte sich mehr Zeit als bisher nehmen für diese Anliegen, war der Wunsch aller.

Als es darum ging die Verbesserungsvorschläge gemeinsam zu besprechen, hagelte es plötzlich gute Ideen. Neue und alte Mitarbeiter fanden, dass der Perspektivenwechsel zu den Bedarfen des jeweils anderen Kollegen jetzt leichter fiele. Der Moderator und Dirk Schlickenrieder freuten sich über den Erfolg des Workshops und die motivierte Mitarbeit zur Verbesserung der Zusammenarbeit. Dirk Schlickenrieder wollte jedoch die Aufgabe nicht „wegdelegieren". Es war sein Job, die Entscheidungen zum Arbeits- und Kommunikationsmodell in der Gruppe zu treffen. Selbstverständlich wollte er noch immer seinen Führungsstil optimieren. Jetzt war eine sinnvolle Auswahl der Vorschläge – mit der Rückmeldung der Prioritäten beim Team – wichtig. Lesen Sie im 3. Schritt, worauf sich Dirk Schlickenrieder fokussierte und wie er die Maßnahmen strukturiert umsetzte.

**2. Schritt: Checkpoint/Kontrollpunkt**
**Ihr Lernvorteil:**
Nutzen Sie diesen Abschnitt, um Ihre Eindrücke zum Praxisfall zusammenzufassen. Reflektieren Sie, ob Sie sich der Meinung von Dirk Schlickenrieder anschließen oder ob Sie eine andere Auffassung zur Situation im Team haben.

**Führungsnavigator**
1. Wie schätzen Sie die Bedürfnisse des Teams/Projektgruppe ein?

   ................................................................................................................

   ................................................................................................................

2. Wie beurteilen Sie das aktuelle Vorgehen der Führungskraft im Praxisfall?

   ................................................................................................................

   ................................................................................................................

3. Welche Veränderungen schlagen Sie vor (operativ/strategisch)?

   ................................................................................................................

   ................................................................................................................

   **Ein Blick auf Ihre persönlichen Erfahrungen mit Führungssituationen**
1. Welche Erfahrungen haben Sie als Führungskraft mit dieser Teamkonstellation und der nötigen virtuellen Zusammenarbeit gesammelt? Wie leicht ist es Ihnen gefallen, die Ziele zu erreichen und alle Mitarbeiter „im Boot zu behalten"? Mit welchen Informationen haben Sie gearbeitet?

   ................................................................................................................

   ................................................................................................................

2. Waren Sie als Mitarbeiter schon in einer virtuellen Arbeitssituation? Wie gut haben Sie sich vom Team und der Führungskraft „abgeholt" gefühlt? Was hat Sie motiviert – was hat Ihnen weniger gut gefallen?

   ................................................................................................................

   ................................................................................................................

   ................................................................................................................

   ................................................................................................................

## 2.1.2   Erfolgreiche Strategien und Tools: Im gleichen Boot sitzen

**3. Schritt: Praxisgerechte Maßnahmen ableiten**
Dirk Schlickenrieder hatte im Workshop eine deutliche Rückkopplung zu seinen Stärken und Schwächen erhalten. Nun wollte er seine Stärken noch gelungener einbringen.

Er nahm sich vor ein passendes Arbeits- und Kommunikationsmodell für die virtuelle Zusammenarbeit mit seinem Team zu erarbeiten.

**Ihr Lernvorteil**
Dieser Abschnitt stellt Ihnen konkrete Vorschläge für Dirk Schlickenrieder und sein Team vor. Im Mittelpunkt stehen längerfristige Aspekte genauso wie kurzfristig einzusetzende Tools, um die Zusammenarbeit zu verbessern.

**Maßnahmen ableiten**
Der Abschnitt ist zweigeteilt:

1. Zuerst lesen Sie, welche Maßnahmen Dirk Schlickenrieder auf der Grundlage der Diskussion mit dem Team vereinbarte.
2. Anschließend folgt eine Darstellung der Maßnahmen, die Dirk Schlickenrieder zusätzlich ins Auge fasst. Er möchte seine Entwicklung aktiv gestalten und macht sich Gedanken, wie er als Führungspersönlichkeit auf die Digitalisierung der Arbeitswelt reagieren kann.

**1) Der vereinbarte Maßnahmenkatalog**
- Die perfekte Technik spielte eine Schlüsselrolle in der Zusammenarbeit. Dirk Schlickenrieder sorgte dafür, dass das gemeinsame Laufwerk aufgeräumt, sinnvoll strukturiert und mit aussagekräftigen Bezeichnungen benannt wurde. Natürlich sollten ab jetzt alle im Team ihre Dokumente hier speichern, damit jeder auf die aktuellen Arbeitsergebnisse zugreifen konnte.
- Das reichte Herrn Schlickenrieder aber noch nicht. Er überlegte, wie man die Zusammenarbeit ideal durch andere technische Formate unterstützen konnte. Es ging ihm dabei nicht um technische Spielereien, sondern um die verbesserte Kommunikationswirkung. Spontan fiel ihm ein, dass bisher nur selten eine Videokonferenz organisiert wurde. Stattdessen schrieb man viel E-Mails und war genervt, wenn sich der eigene Inhalt nicht jedem Kollegen gleich erschloss. Damit wollte er sich noch weiter befassen: er wollte prüfen, ob man für jeden Arbeitsschritt das passende technische Arbeitsformat finden konnte.
- Um diesen Gedanken weiter zu spinnen, war erst ein anderer Punkt zu klären: Der Workflow in der Abteilung war das Ergebnis vieler Workshops im Team. Es dauerte lange, bis die interne Auftragsklärung abgeschlossen war und jeder verstand, welchen Beitrag man selbst oder der andere für die Abteilung leistete. Nun war es nötig, diesen Prozess neu aufzusetzen, weil
  - fünf neue Kollegen ins Team kamen und
  - die Zusammenarbeit sich durch die Telearbeitsplätze änderte und durch ein neues Modell beschrieben werden musste.

**Praxistipp**
Führungskräfte reagieren häufig verwundert darauf, wie das eigene Team auf Veränderungen antwortet. Aus der Chef-Perspektive ist der neue Workflow vielleicht
schon länger bekannt und gut verständlich. Für die betroffenen Mitarbeiter stellen
sich jedoch viele Detailfragen, deren Beantwortung wichtig ist für die korrekte
Aufgabenerfüllung und für die gute Motivation im Team.

**Neuen Arbeitsprozess festlegen**
Dirk Schlickenrieders Abteilung arbeitete mit hoher Auslastung, deshalb wollte er im
ersten Schritt nicht die gesamte Gruppe einbinden, wenn es darum ging den Arbeitsprozess zu prüfen. Er fand es allerdings wichtig, das Thema „vom Team für das Team" zu
klären, weshalb er keine Beratungsfirma einschalten wollte. Eine abteilungsinterne Task
Force sollte – zur Entlastung aller – die weiteren Diskussionen vorbereiten.

Er überlegte sorgfältig, welche Kollegen im Team sich durch das nötige Abteilungs-
wissen empfahlen. Eine Arbeitsanweisung per „Order di Mufti" erschien ihm wegen der
entstehenden Mehrarbeit ungünstig für das Betriebsklima, wenn natürlich auch ein Frei-
zeitausgleich zur Verfügung stand. Für die Entscheidung benötige Dirk Schlickenrieder
ein paar Tage. Er nahm das Team-Feedback ernst, dass man um mehr Anleitung bat. So
schwankte er zwischen mehreren Optionen.

Schließlich entschied sich Herr Schlickenrieder dazu seine Mitarbeiter zu fragen, wer
Interesse an der Aufgabe habe. Es war ihm klar, dass dies ein gewagter Schritt war. Was
würde er tun, wenn sich keiner meldete? Trotzdem setzte er erst einmal auf Freiwillig-
keit. Sein Mut wurde belohnt: Es meldeten sich Monika Huber und zwei weitere Telemitarbeiter. Auch vom Stammteam waren einige Kollegen offen für die Zusatzaufgabe.
Jetzt zahlte sich die Mühe mit dem Feedback-Workshop aus, denn das Team verstand
den Hintergrund der Maßnahme und unterstützte gerne.

Fünf Kollegen wollten als Task Force den Arbeitsprozess im Team beschreiben und
auf den Prüfstand stellen. Monika Huber hatte eine Idee, die alle überzeugte: sie schlug
vor, den Arbeitsablauf in der Abteilung – mit den Stärken und Schwächen – zuerst auf
der Basis der täglichen Praxis abfragen. Dann sollte ein Vergleich gezogen werden zur
vorhandenen Prozessbeschreibung.

Gesagt – getan: Die Task Force führte kurze Interviews mit jedem im Team, die ca.
dreißig Minuten dauerten. Natürlich wurde auch Herr Schlickenrieder befragt. Zuvor
informierte Dirk Schlickenrieder die Personalabteilung über das Vorgehen. Es gab dort
und beim Betriebsrat keine Einwände. Im Gegenteil: alle begrüßten die Initiative und
nannten sie ein Pilotprojekt der Organisationsentwicklung. Dirk Schlickenrieder war
geschmeichelt und nahm gerne die angebotene Unterstützung durch eine Praktikantin an, die gerade in der Personalabteilung hospitierte. Die Studierende half dabei, die
Interviewergebnisse aufzuzeichnen. Sie übernahm auch die Verschriftlichung und die

strukturierte Auswertung. Dieser Leitfaden kam zum Einsatz, um die kurzen Feedback-Gespräche im Team zu führen[3]:

---

**Interviewleitfaden**
1. Welche Aufgabe haben Sie in der Abteilung aus Ihrer Sicht?
2. Welche Ziele möchten Sie erreichen?
3. Welche internen Schnittstellen zu anderen Kollegen im Team haben Sie?
4. Welche externen Schnittstellen im Unternehmen ergeben sich für Sie aus Ihrer Arbeitsaufgabe?
5. Was beeinflusst Ihre Arbeit noch?
6. Welche weiteren Mitspieler gibt es, die für Ihre Zielerreichung eine Rolle spielen?
7. Welche Stärken sehen Sie in diesem Arbeitsprozess?
8. Wo sehen Sie den Verbesserungsbedarf in diesem Arbeitsprozess?

---

Schon nach den ersten Terminen merkte die Task Force: mit dreißig Minuten kamen sie bei den Interviews nicht aus. Die Kollegen wollten keine der Fragen streichen. So entschied man sich dafür die Gesprächzeit auf eine Stunde zu erhöhen, wenn das nötig wurde. Lesen Sie unten die Transkription eines Interviews mit dem neuen Telemitarbeiter Jochen Schulze, dessen Aussagen stellvertretend für alle Telemitarbeiter stehen. Das Beispiel zeigt, welche Anliegen die neuen Mitarbeiter im Homeoffice äußerten.

---

**Transkription des Interviews mit Jochen Schulze. Seit sieben Monaten im Unternehmen. Arbeitsplatz: Homeoffice**
1. **Welche Aufgabe haben Sie in der Abteilung aus Ihrer Sicht?**
   Ich bin Ingenieur mit zwölf Jahren Berufserfahrung in verschiedenen Unternehmen der Automobilindustrie. Mein Spezialgebiet sind Bremssysteme. Aktuell arbeite ich an einer Weiterentwicklung eines bestehenden Systems für die neue Fahrzeugserie, allerdings natürlich nur an ausgewählten Bauteilen. Andere Kollegen bei uns – oder auch in anderen Abteilungen – arbeiten an anderen Fragestellungen für das System.
2. **Welche Ziele möchten Sie erreichen?**
   Das übergeordnete Ziel ist klar: möglichst schnell und gut die gewünschten Ergebnisse liefern, damit alle mit mir zufrieden sind. Herr Schlickenrieder und ich haben Meilensteine vereinbart, um den Weg zur Zielerreichung zu skizzieren. Als Entwicklungsingenieur schätze ich meinen Freiraum. Ganz klar, wie das bei „Schnellgewachsen" idealerweise laufen soll, ist mir das allerdings nicht. Zu den Details im Alltag stochere ich oft im Nebel.

---

[3]Gläser, J./Laudel, G. [5].

3. **Welche internen Schnittstellen zu anderen Kollegen im Team haben Sie?**

Ich arbeite kontinuierlich mit zwei Kollegen aus unserer Abteilung enger zusammen: Peter Koch und Norbert Wilde. Das hatte mir Herr Schlickenrieder natürlich mitgeteilt. Zwischen uns dreien haben wir Absprachen getroffen, wie wir arbeiten wollen. Alle anderen Anfragen aus der Gruppe kann ich nicht immer fachlich zuordnen. Fast jeder aus dem Team hat sich schon mal mit einem Anliegen bei mir gemeldet. Es waren auch Beschwerden dabei, weil man nicht auf meine Ergebnisse zugreifen konnte oder die Bearbeitung durch mich zu lange dauerte. Darauf war ich nicht vorbereitet.

4. **Welche externen Schnittstellen im Unternehmen oder bei Kunden und Lieferanten ergeben sich für Sie aus Ihrer Arbeitsaufgabe?**

Mit Kunden oder Lieferanten habe ich keine Kontakte. Aber es gibt andere Entwicklungsteams im Unternehmen, die sich bei mir schon gemeldet haben. Einen Überblick habe ich darüber nicht. Meist werde ich von den Anfragen überrascht. Herr Schlickenrieder hat mir natürlich den Organisationsaufbau von „Schnellgewachsen" vorgestellt, trotzdem verstehe ich den Arbeitsablauf noch nicht gut. Das Organigramm und die Praxis haben nicht immer etwas miteinander zu tun, finde ich.

5. **Wer oder was beeinflusst Ihre Arbeit noch?**

Ich bin noch nicht vertraut mit dem Stil des Hauses: im Homeoffice telefoniert man natürlich auch mit allen – meist schreibt man jedoch E-Mails. Es passiert mir häufig, dass im Schriftverkehr Missverständnisse entstehen. Keine Ahnung, warum die Kollegen nicht öfter zum Hörer greifen. Die müssten doch schneller merken als ich, dass da was schief läuft. Ich gebe zu: ich verkrieche mich immer öfter auch selber in mein mentales Schneckenhaus. Trotzdem ist es mir wichtig, mich gut zu integrieren. Ohne spürbare Leitlinie zur gemeinsamen Arbeitsweise mache ich jedoch alles so, wie ich das von meinem früheren Arbeitgeber gewöhnt bin. Jetzt merke ich immer mehr, dass ich aus der Anfängerolle nicht heraus komme. Über das chronisch chaotische Laufwerk haben wir bereits im Workshop gesprochen. Man findet nichts! Dateien werden einfach verändert, der letzte Stand aber nicht gespeichert. Ich arbeite oft im Kreis und bin frustriert.

6. **Welche weiteren Mitspieler gibt es, die für Ihre Zielerreichung eine Rolle spielen?**

Wichtige Faktoren sind die zahlreichen spontanen Anfragen von Kollegen aus dem Team oder von anderen Abteilungen. Es gab auch Anfragen von der Geschäfts-leitung, die ich nicht selbstständig beantworten konnte. In solchen Momenten wirkte ich wahrscheinlich überfordert auf das Team. Das hat mich gestört. Man möchte im Unternehmen einen guten Ruf aufbauen.

Es kommt mir so vor, als würde man von meiner Funktion „so dies und das erwarten". Leider habe ich dazu aber keine Rückmeldung vom Chef bekommen. Als neuer Kollege möchte ich hilfsbereit reagieren. Trotzdem muss ich meine

Ziele erreichen – da bin ich immer noch unsicher, wie es gemacht werden soll. Ich kann nicht bei jeder E-Mail meinen Chef fragen, oder? Herr Schlickenrieder ist zudem den ganzen Tag in Meetings, da will ich nicht nerven. Die alten Hasen im Team sind für mich ansprechbar. Da geht es mir allerdings wie dem Karl Valentin in seinem Sketch „Buchbinder Wanninger": ich muss erst umständlich rausfinden, wer im Team möglicherweise eine wertvolle Information für mich haben könnte. Das dauert ewig. Da ich die Kollegen nicht täglich im Büro sehe, ist noch keine Selbstverständlichkeit in der Zusammenarbeit entstanden. Einen emotionalen Zusammenhalt im Team spüre ich nicht, deshalb bin ich auch etwas zurückhaltender als sonst. Auch mein Verhältnis mit Herrn Schlickenrieder ist noch nicht so entspannt, wie ich das sonst mit meinen Führungskräften gerne halte. Ich arbeite eben das erste Mal im Homeoffice und habe die Anforderungen dieser Situation unterschätzt.

7. **Welche Stärken sehen Sie in diesem Arbeitsprozess?**
   Alles scheint mir nach Bedarf organisiert. Wenn man schon länger dabei ist und gut versteht, wer was macht, klappt das sicher gut. Das sichert Flexibilität, würde ich sagen. Ich stolpere allerdings ständig über die vielen inoffiziellen, sich in Jahren aufgebauten Arbeitsregeln, die mir keiner explizit mitteilt. Ich kriege im Homeoffice nicht immer alles mit, vergesse auch zu fragen und mache dann Fehler. Das nervt – schließlich bin ich auch ein vollwertiges Mitglied im Team mit einer hervorragenden Expertise im Fachgebiet. Da muss ich mich nicht verstecken!

8. **Wo sehen Sie den Verbesserungsbedarf in diesem Arbeitsprozess?**
   Ich arbeite zum ersten Mal in meiner beruflichen Laufbahn an einem Telearbeitsplatz. Sicher mache ich da auch nicht alles richtig, deshalb bin ich froh, dass Herr Schlickenrieder einen professionellen Verbesserungsprozess aufgesetzt hat. Hier ein paar Anregungen, die aus meiner Sicht hilfreich wären:
   - Die Art, wie mir Aufgaben übertragen werden, ist nicht ideal: meist fehlen einige Informationen – oder ich habe zumindest die Sorge, es sei so. Da wir nicht im gleichen Büro sitzen, sind Rückfragen mühevoll – oder beide Seiten hoffen (da nehme ich mich nicht aus), dass es sich von alleine löst. Wir haben so viel zu tun, dass auch wertvolle Gedanken im Laufe des Tages vergessen werden. Das finde ich unprofessionell und ich sehe die Qualität meiner Arbeit gefährdet.
   - Ich benötige eine regelmäßige Einschätzung meiner Arbeitsfortschritte von Herrn Schlickenrieder. Ich wünsche mir mehr Kontinuität. Es fehlt das informelle Feedback von Kollegen und der Führungskraft, wenn man nicht zusammen im Büro sitzt. Ideal wäre ein klarer Feedback-Prozess entsprechend der Meilensteine der Aufgabe. Ich habe meinen persönlichen Ehrgeiz und möchte mich als Experte noch verbessern oder dazulernen. Da wiederhole ich mich: Ohne Feedback geht das nicht, finde ich.

- Gemeinsame Qualitätsstandards in Bezug auf Inhalte, Termine, Reportings kenne ich noch nicht bzw. hat man mir in der Einarbeitung nicht systematisch erklärt.
- Die Schnittstellen meiner Funktion mit allen anderen Kollegen sind mir unklar: im Team und außerhalb. Ein realistischer Plan wäre hilfreich, um mich noch besser informiert zu fühlen.
- Ich möchte meine Arbeitsfortschritte effizient dokumentieren – für mich, Herrn Schlickenrieder und meine Kollegen. Es gab schon einige Mal Streit, weil die Kollegen dachten, ich wäre im Rückstand. Die hatten nur nicht verstanden, woran ich arbeite. Gefragt haben sie mich leider nicht. Im Ergebnis wirkte ich wohl nachlässig auf sie. Das hat mich verletzt.
- Ich kann mir Inhalte von Telefonaten (im Vergleich zu Face-to-Face-Gesprächen) nicht gut merken – fällt mir auf. Leider habe ich noch keinen Weg gefunden, eine hilfreiche Dokumentation zu erstellen. Meine Notizzettel verlege ich häufig oder verstehe meine Mitschriften nach einiger Zeit selbst nicht mehr. Mir fehlt es an einer entlastenden Systematik. Wie schon ein paarmal gesagt: ich arbeite zum ersten Mal im Homeoffice – auch meine Arbeitsweise ist sicher noch nicht ideal. Ich wünsche mir eine stärkere Anleitung, was die typischen Stolpersteine angeht.
- Ich bilde mir ein, dass mir Informationen fehlen. Dieser Eindruck entsteht, weil ich die Arbeitsschritte der anderen nicht nachvollziehen kann. Das Office wirkt auf mich wie eine „Black Box". Das irritiert mich. Die innere Verbundenheit zum Unternehmen leidet darunter mehr als ich dachte, obwohl ich mit meinem Job sehr zufrieden bin.

Die Task Force erstellte die zusammenfassende Auswertung aller Interviews. Die Aussagen der Telemitarbeiter monierten ähnliche Punkte wie Jochen Schulze.

Erwartungsgemäß hebt sich das Feedback der Stammmitarbeiter mit festem Arbeitsplatz im Office bei „Schnellgewachsen" davon ab. Hier finden Sie die Gegenüberstellung der Argumente der Mitarbeiter. Lesen Sie in der Tab. 2.1 mehr dazu:

Die Gegenüberstellung zeigt, dass der gemeinsame Arbeitsprozess einen Review benötigt. Erst jetzt fiel es der Task Force auf, dass man die neuen Kollegen bisher bei der Gestaltung dieser Fragen nicht einbezogen hatte. Das war im Tagesgeschäft untergegangen und selbst von den Neuen nicht bemerkt worden. Sie waren bemüht gewesen, alles zu verstehen – da blieb keine Zeit für eine Reflexion. Das sollte sich nun ändern. Es wurde ein Workshop angesetzt, um genau diese Themen zu besprechen. Die Veranstaltung dauerte einen Tag und bestand aus vier Teilen:

**Tab. 2.1** Feedback der Teammitglieder zum Arbeitsprozess in der Abteilung

| Neue Mitarbeiter mit Telearbeitsplatz | Stammmitarbeiter mit Präsenzarbeitsplatz |
|---|---|
| **Arbeitsaufgaben**<br>Die Aufgaben sind sehr interessant und machen mir Freude.<br>Die Art der Aufgabenübertragung ist einer unkomplizierten Bearbeitung nicht immer zuträglich.<br>Es fehlt mir an einem konkreten Erwartungshorizont, Klarheit der Anweisungen und Transparenz im Zusammenarbeitsmodell | **Arbeitsaufgaben**<br>Die Aufgaben sind ansprechend und machen Spaß.<br>Die Art der Aufgabenübertragung ist nicht immer ideal, stört die gute Bearbeitung aber nicht sehr.<br>Eine Verbesserung in Bezug auf Konkretheit und Aktualität der Daten wäre jedoch ideal |
| **Schnittstellen**<br>Der Arbeitsablauf wird in der Abteilung flexibel gehalten, oft passiert das aufgrund von Vorerfahrungen und wird nicht explizit kommuniziert.<br>Informationen hierzu erreichen mich manchmal spät oder auch zu spät | **Schnittstellen**<br>Der Arbeitsablauf mit den bisher hier arbeitenden Kollegen ist mir weitgehend klar. Wir sind eine eingeschworene Gemeinschaft.<br>Ich habe noch nicht ganz verstanden, was die neuen Kollegen konkret machen und wie wir uns ergänzen.<br>Wir sind froh, dass die Abteilung Unterstützung erhalten hat.<br>Jetzt wollen wir gut zusammenarbeiten, sonst entsteht für uns keine Entlastung und die Neuen sind unzufrieden |
| **Feedback**<br>Ich wünsche mir mehr Feedback zu meiner Arbeit: Meilensteine und Ergebnis möchte ich gerne intensiver mit Herrn Schlickenrieder reflektieren.<br>Das muss ja nicht lange dauern aber bitte ein Teil unserer Arbeit sein. Ich möchte seine Einschätzung zu meiner Leistung erfahren und auch die Chance nutzen mich noch weiter zu entwickeln.<br>Auch das Feedback der Kollegen ist mir wichtig, hier bin ich bereit öfter nachzufragen | **Feedback**<br>Ich bin nicht unzufrieden mit dem Feedback von Herrn Schlickenrieder. Zwischen uns genügt auch ein Blick im Vorübergehen, um zu verstehen, was er meint.<br>Trotzdem interessiert es mich, seine Einschätzung noch mehr im Detail – und regelmäßig – zu erfahren. Feedback von Kollegen oder an Kollegen gebe ich bisher nur auf Rückfrage |

(Fortsetzung)

**Tab. 2.1**   (Fortsetzung)

| Neue Mitarbeiter mit Telearbeitsplatz | Stammmitarbeiter mit Präsenzarbeitsplatz |
|---|---|
| **Dokumentation** Das gemeinsame Laufwerk ist aktuell keine sinnvolle Grundlage für die Zusammenarbeit. Meine persönliche Dokumentation ist noch nicht ausgereift genug. Ich finde es außerdem besser, wenn wir als Team hier abgestimmt vorgehen. Wir sind ein High-Tech-Unternehmen und sollten auch in der Lage sein, die geeigneten Tools für unsere Zusammenarbeit zu finden und zu nutzen | **Dokumentation** Mir ist es bisher nicht negativ aufgefallen, dass unser Laufwerk nicht von allen Kollegen gut genutzt werden kann. Wir waren an die Unordnung gewöhnt. Erst durch das Feedback der neuen Kollegen, sind mir unsere Nachlässigkeit und mangelnde Organisation aufgefallen. Daran sollten wir arbeiten. Auch andere Technik sollten wir intensiver einbinden. Es steht uns bei „Schnellgewachsen" viel zur Verfügung. Das muss jetzt für unsere Zwecke getestet und eingebunden werden. Natürlich verändert das unsere bisherige Arbeit wieder etwas. Das nervt – aber da müssen wir durch |
| **Abstimmung im Team/Unternehmen** Die konkreten Erwartungen von Herrn Schlickenrieder sind mir nicht klar: wie oft soll ich mich mit wem zu welchem Thema besprechen? Das muss klarer festgelegt werden, weil man im Homeoffice hierzu explizite „Spielregeln" benötigt. Aus meiner Sicht leidet sonst mein Image im Unternehmen. Das möchte ich nicht | **Abstimmung im Team/Unternehmen** Wir sind ein kleines Unternehmen und haben offensichtlich stillschweigend einen individuellen Arbeitsstil ausgeprägt. Es läuft nicht immer alles nach einem klaren Prozess, was wir gut finden. Für neue Kollegen ist das sicher nicht leicht zu verstehen. Besonderes für Telemitarbeiter entsteht leicht das Gefühl von „Chaos". Das habe ich erst durch die Diskussion im Feedback-Workshop verstanden. Daran müssen wir arbeiten |
| **Vertrauen** Herr Schlickenrieder gibt mir einen großen Spielraum bei der Aufgabenbearbeitung. Das freut mich und drückt sicher auch sein Vertrauen aus. Für ein stabiles Vertrauensverhältnis fehlt es uns jedoch aktuell noch an Kontakt und gemeinsamer Zeit. Die Kollegen im Team kenne ich noch nicht näher, auch wenn ich jetzt schon mehr als sechs Monate bei „Schnellgewachsen" arbeite. Das irritiert mich. Gut angenommen fühle ich mich aktuell noch nicht. Erst im Feedback-Workshop ist das „Eis gebrochen" und wir haben Gemeinsamkeiten entdeckt | **Vertrauen** Im Team ist der Zusammenhalt solide. Jedenfalls hätte ich das bis vor kurzem noch so gesagt. Ich habe im Feedback-Workshop gemerkt, dass sich die neuen Kollegen nicht gut aufgenommen fühlen. Durch die Missverständnisse in der Zusammenarbeit war die Stimmung natürlich nicht immer so herzlich wie sonst. Wir „alte Hasen" waren manchmal genervt von den Neuen und haben auch negativ über sie gesprochen. Das war nicht richtig. Wir hätten besser *mit* den Kollegen sprechen müssen, nicht *über* sie. Es stimmt, dass wir sie im stressigen Office-Betrieb häufig aus den Augen verlieren. Wir müssen uns alle noch mehr anstrengen |

(Fortsetzung)

**Tab. 2.1** (Fortsetzung)

| Neue Mitarbeiter mit Telearbeitsplatz | Stammmitarbeiter mit Präsenzarbeitsplatz |
|---|---|
| **Teamgeist und Identifikation** | **Teamgeist und Identifikation** |
| Ich kann zum Teamgeist in der Abteilung noch nicht viel sagen. Täglich spüren kann ich ihn nicht. | Nach vielen Jahren bei „Schnellgewachsen", gehört mein Herz der Firma und den Kollegen. Mir ist die familiäre Atmosphäre wichtig. Herr Schlickenrieder leistet hierzu viel. |
| Zwischen den Telemitarbeitern klappt die Abstimmung gut, wir stehen vor ähnlichen Herausforderungen. | Zu viele Prozesse und Vorschriften mag ich nicht. Ich mache mir Sorgen, dass mit den neuen Kollegen, dem Wachstum der Firma und diesen Telearbeitsplätzen die Kultur sich verändert: in eine negative Richtung. |
| Ich bin motiviert und auf einer abstrakten Ebene mit dem Unternehmen und den Zielen verbunden. So richtig „mein Herz verloren" habe ich aber noch nicht, wenn es um unsere Abteilung oder „Schnellgewachsen" geht. Da bräuchte ich noch etwas mehr gemeinsame Erfahrungen mit den Menschen. Die Kultur von „Schnellgewachsen" könnte ich noch nicht beschreiben, da fehlt mir noch das Gefühl dafür | Die neuen Kollegen stehen nicht nur räumlich im Abseits, das merke ich immer deutlicher. Beide Seiten müssen mehr aufeinander zugehen – und wir „alte Hasen" sollten die ersten Schritte machen |

1. Die Task Force stellte die Interview-Ergebnisse vor. Die Gruppe stellte Verständnisfragen und man diskutierte die Inhalte.
2. Danach erhielt jeder Mitarbeiter im Team fünf Minuten Sprechzeit, um allen Kollegen im Team die eigene Aufgabe – aus der eigenen Sicht – vorzustellen.
3. Informations- und Wahrnehmungslücken zu den konkreten Tätigkeiten aller Teammitglieder sollten anschließend im Gespräch geklärt werden. Natürlich war auch Feedback erlaubt, wenn die Darstellung zur Aufgabenerfüllung nicht vollständig oder ein Hinweis zur Gewichtung der Tätigkeiten nötig war.
4. Ziel und Ergebnis sollte es sein gemeinsam eine Grafik zu erstellen, die das „ideale Zusammenarbeitsmodell" der Gruppe abbildet. Nach dem Mittagessen stand dieser Punkt auf der Agenda: Dazu nutzte erst einmal eine riesige Plakatwand. Später sollte das Bild – wenn es von allen im Team bestätigt war – auf eine Folie übertragen und jedem im Sinne einer Vereinbarung per E-Mail zugeschickt werden.

Herr Schlickenrieder war begeistert, denn die Arbeitsstimmung beim Workshop war offen und konstruktiv. Schon nach kurzer Zeit bemerkte man keinen Unterschied mehr zwischen „alten und jungen Hasen" im Team. Alle brachten sich ein und jeder Beitrag wurde mit Interesse aufgenommen. Die Diskussion des Arbeitsmodells und der möglichen technischen Unterstützung – also der Austausch der Meinungen und die Entscheidungsfindung – war für die Gruppe mindestens so hilfreich wie das erzielte Ergebnis. Dirk Schlickenrieder brachte seine Meinung ein, lernte jedoch noch mehr durch Zuhören. Das Gespräch moderierte die Praktikantin aus der Personalabteilung, was für den geordneten Ablauf aus der Sicht aller wichtig war.

**2) Maßnahmen für die Umsetzung**

Dirk Schlickenrieder war unbestritten erfahren in der Personalführung. Es war ihm war klar, dass er die Fortschritte der Abteilung im Auge behalten musste, anderenfalls würde sich schnell wieder das bisherige Verhalten einschleichen. Er nahm sich vor, das wöchentliche Teammeeting für die nächsten Monate mit einem Stimmungsbarometer zu beginnen. Die Kollegen von der Informationstechnologie programmierten ihm einen elektronischen Fragebogen, sodass alle Teammitglieder am Vortag des Jour Fixes eine Aufforderung zum anonymen Ausfüllen von drei Fragen erhielten (siehe Abb. 2.4):

Gedacht – getan: Jedes Teammeeting begann ab diesem Zeitpunkt mit der Ergebnisschau der Woche und der kurzen, gemeinsamen Reflexion über die zusammengefassten Rückmeldungen. Zehn Minuten zum aktuellen Status der Zusammenarbeit. Erst danach besprach die Gruppe die Arbeitsthemen.

Nicht alle Kollegen im Team fühlten sich von Anfang an wohl mit diesem Vorgehen. Die Fragen und ihre Brisanz für das Betriebsklima in der Abteilung sorgten für Verunsicherung. Diese Anlaufschwierigkeiten traten bald in den Hintergrund. Dirk Schlickenrieder reagierte interessiert und konstruktiv auf die Ergebnisse. Letztlich war für ihn die Befragung nur das Vehikel, um die Gemütslage aller regelmäßig zu prüfen und miteinander im Gespräch zu bleiben. Trotzdem sorgte er für die korrekte Bearbeitung aller Gesprächsthemen. Es wurden Aufgaben abgeleitet, die von Herrn Schlickenrieder persönlich nachgehalten wurden. Dirk Schlickenrieder hoffte, dass sich auf diesem Weg die Identifikation mit der Abteilung bei den Kollegen aus dem Homeoffice bestärken lies.

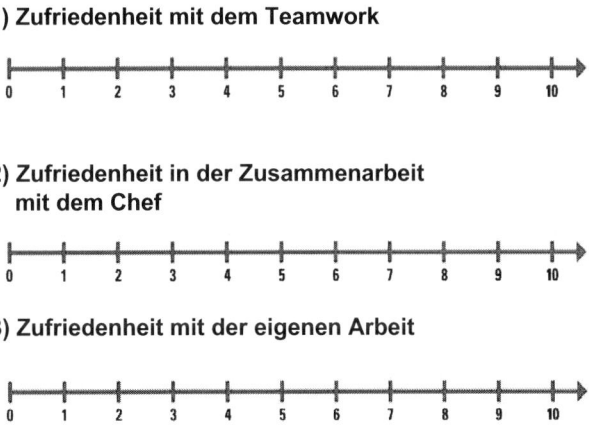

**Abb. 2.4**   Elektronischer Fragebogen für das Stimmungsbarometer

> **Praxistipp**
> Befragt man die Mitarbeiter (zu) häufig, sorgt das schnell für Desinteresse in der Belegschaft. Welcher Befragungsrhythmus angenommen wird, hängt von der gut verständlichen Kommunikation rund um die Ziele der Befragung ab. Die Beteiligung des Teams an einer Abfrage einmal pro Woche über einen längeren Zeitraum, ist als starkes Entgegenkommen des Teams zu werten. Dirk Schlickenrieder hat offensichtlich die Zielsetzung der Befragung und die Vorteile für die Zusammenarbeit überzeugend erklärt. Besonders wichtig für die Kooperation im Team ist es, dass die Ergebnisse der Befragung für alle „spürbar" aufgegriffen werden. Sonst ziehen sich die Mitarbeiter zurück. Auch dies gelingt hier gut.[4]

### 4. Schritt: Im Rückspiegel – wie ging der Praxisfall weiter?

Dirk Schlickenrieder blieb selbstkritisch: Alle Welt sprach über die Anforderungen der digitalen Arbeitswelt. Und was hatte er getan? Eine Mischung aus Eitelkeit und geistiger Trägheit hatte dafür gesorgt, dass er es buchstäblich versäumte, rechtzeitig über die neuen Anforderungen an seinen Führungsstil nachzudenken. Das sollte ihm kein zweites Mal passieren. Dirk Schlickenrieders Ehrgeiz war geweckt. Er wollte sich und sein Team für die Aufgaben von heute, morgen und übermorgen vorbereiten:

- Dirk Schlickenrieder verstand, dass die Führung auf Distanz eine Veränderung seines Führungsstils verlangte. Er definierte seine Rolle neu und nahm sich vor, sich auch entsprechend zu verhalten. Er wählte dieses Motto: Mehr Support für die Mitarbeiter, wenn es aus *deren Sicht* nötig war. Freiraum an den Stellen, wo es passte. Keine einfache Aufgabe, da er einige seiner liebgewonnenen Angewohnheiten aufgeben musste. Für ihn bedeutete dies deutlich mehr Involvement im Tagesgeschäft, weil er operative Themen mit den Kollegen bespricht. Die Beschäftigung mit strategischen Fragestellungen – sein Steckenpferd – muss, so sagte er lachend, erst einmal „in den Stall". Er verschrieb sich dazu eine kleine Pause.
- Die Anzahl an fest terminierten wie spontanen Durchsprachen zwischen Führungskraft und Mitarbeiter – innerhalb des Kollegenkreises – erhöhte sich merklich. Herr Schlickenrieder plante seine Gespräche mit den Kollegen im Homeoffice ab jetzt präzise: zeitliche Taktung, Inhalte – aber vor allem die gelungene Struktur, damit sich niemand mehr als Mitarbeiter „zweiter Klasse" fühlte. Er nutzte dafür einen Klassiker: die W-Fragen (was?, warum?, wo?, wer? bzw. mit wem?, bis wann?), die ihm merklich dabei halfen seine Arbeitsanweisungen konkreter zu formulieren. Das positive Feedback des Teams bestätigte ihm das.
- Herr Schlickenrieder hatte es ernst genommen, dass sein Team sich noch mehr Feedback zu den Arbeitsergebnissen wünschte. Alle waren ambitionierte Experten und

---

[4]Müller, S./Küntscher, R. [10].

wollten sich fachlich noch weiter entwickeln. Grundsätzlich hatte er keine Einwände, allerdings wusste er nicht, woher er die Zeit dafür nehmen sollte. Trotzdem reagierte er auf diese Anliegen ehrlich: Er nahm sich vor, sensibler in den Gespräche auf Fragen zu reagieren und interessante Aufgaben für die Abteilung zu gestalten. Das sollte die Entwicklung der Mitarbeiter „on the job" garantieren. Individuelle Maßnahmen wollte er sich für die Personalgespräche aufheben. Jetzt lagen die Prioritäten auf der Arbeitsorganisation für die Mitarbeiter.

- Dirk Schlickenrieder widmete dem Informationsfluss im gesamten Team deutlich mehr Aufmerksamkeit als bisher. Die moderierten Teammeetings passten für den Augenblick sehr gut zu den Bedarfen der Gruppe. Er baute mehr moderierte Abstimmungen in den Arbeitsprozess ein, um alle zu informieren und die aktuellen Anliegen abzuholen. Die Schnittstellen zwischen Präsenzkollegen und Telekollegen standen hier im Mittelpunkt. Präsenztreffen waren dafür nicht unbedingt immer für alle nötig – die konkrete Umsetzung regelte er in Abstimmung mit dem Team. Das kam bei allen gut an: Gespräche, wenn nötig – aber nicht im Überfluss.

- Die Task Force recherchierte schon in Vorbereitung auf den Workshop geeignete technische Formate für die Zusammenarbeit im Team. Keiner hatte Lust auf einen „Overkill": Komplizierte Systeme, die eher Zeit kosten würden als eine Unterstützung darstellen, kamen nicht infrage. Nach dem Workshop einigte man sich darauf, im ersten Schritte mehr Videokonferenzen abzuhalten. Dies sollte helfen, damit die Gespräche besser im Gedächtnis blieben.

- Das Unternehmen bot zwei weitere technische Formate an, die bisher kaum in der Abteilung von Dirk Schlickenrieder zum Einsatz kamen. Es gab die Möglichkeit einen Online-Chat abzuhalten, bei dem gemeinsam Dateien besprochen werden können. Die Netmeetings fanden alle im Team hilfreich, um beispielsweise den aktuellen Status eines Projekts zu bearbeiten. Im Vergleich zu einem Telefonat, lieferte dieses System konkretere Arbeitsergebnisse direkt aus der Session. Alle Kollegen erhielten eine Anwendungsschulung, damit die Bedienungsschwierigkeiten in der Anlaufphase schnell bewältigt werden konnten.

- Zusätzlich sollte ein Kontaktsystem für alle am Computer eingerichtet werden. Wenn diese Software aktiviert war, zeigte der Bildschirm an, wer sich aktuell am Arbeitsplatz befand. Der Vorteil war, dass man genau wusste, wann jemand am Festnetz oder Online gut erreichbar sein würde. Lange Wartezeiten auf eine Antwort konnte man so ausschließen. Dieses Werkzeug sorgte allerdings für Diskussionen im Team. Es bestand die Sorge, man „bekäme eine Leine angelegt und müsste sich womöglich für den Gang zum Kaffeeautomaten rechtfertigen". Auch die Telemitarbeiter äußerten einige Zweifel, ob diese Technik das gegenseitige Vertrauen wirklich stärken würde. Sie sagen: „Wir stehen durch unsere Tätigkeit zu Hause bei manchen Menschen immer mal wieder unter Verdacht, nicht wirklich den ganzen Tag hart zu arbeiten." Herr Schlickenrieder schwieg dazu.
Die Nutzung war freiwillig und im Laufe der nächsten Wochen, erkannten immer mehr Mitarbeiter den Nutzen für die eigene Arbeit. Für Dirk Schlickenrieder war

dies in Ordnung, denn er fand Zwang keine Option für seine Mitarbeiter. Falls wieder Bedenken aufkämen, war er auch bereit das Tool wieder abzustellen. Die anfängliche Skepsis einiger langjähriger Kollegen, verging nach einem Testlauf und so entwickelte sich eine neue Arbeitsstrategie.

- Um auch die emotionale Seite der Zusammenarbeit zu unterstützen, nahm man die frühere Praxis wieder auf: das Team organisierte zwei Abteilungsevents im Jahr. Jeder Mitarbeiter konnte Vorschläge einbringen, die Mehrheit entschied über die Auswahl. Der erste Teamevent führte die Abteilung nach Niederbayern zum Westernreiten. Die neue Umgebung hatte auf alle eine entspannende Wirkung. Die verteilten Cowboy-Hüte taten ihr übriges für die gute Stimmung und sorgten indirekt für eine Idee: man wollte im Büro die Rollen wechseln und den „Hut des anderen Kollegen aufsetzen". Die Telearbeiter sollten mit den Präsenzkollegen für ein paar Tage den Arbeitsplatz tauschen. Die Idee wurde umgesetzt und war ein voller Erfolg in der Praxis, denn sie sorgte für eine neue Sensibilisierung in Bezug auf die Herausforderungen jedes Arbeitsplatzes.

Sie haben sich vielleicht zwischenzeitlich über die Maßnahmen von Dirk Schlickenrieder eine Meinung gebildet. Der nächste Abschnitt beschreibt und beurteilt die von der Führungskraft gezeigten Stärken und Schwächen im Praxisfall. Die Sammlung der Argumente ist keine abschließende Liste, sondern bietet Ihnen – in Ergänzung und Abrundung zu Ihren Eindrücken – ein Fazit aus meiner Sicht.

### 5. Schritt: Highlights and Lowlights im Praxisfall „Alle in einem Boot"

- Als echtes Highlight kann man das solide Vertrauensverhältnis zwischen Führungskraft und Stammteam bezeichnen. So erhielt Herr Schlickenrieder ein klares Feedback zum aktuellen Arbeitsklima. Allerdings muss man feststellen, dass die Rückmeldung selbst in diesem Team erst mit Verzögerung gegeben wurde. Hier zeigt sich: Dirk Schlickenrieder hätte etwas aufmerksamer sein müssen und auch von seiner Seite Fragen stellen.
- Dirk Schlickenrieder reagierte dann jedoch professionell: er hat das Feedback seiner Mitarbeiter zugelassen, reflektiert und strukturiert nachgefragt, um ein umfassendes Bild zu erhalten. Das war eine anspruchsvolle Aufgabe im laufenden Betrieb – die Abteilung war mehr als ausgelastet und die Botschaft für die Führungskraft natürlich nicht angenehm.
- Positiv fällt auf, dass Herr Schlickenrieder ohne Zögern sich selbst und sein Verhalten auf den Prüfstand stellte. Er hat die Personalabteilung eingebunden, selbst einen Coach aktiviert und seine Freizeit investiert, um Klarheit zu erhalten. Ich finde sein Vorgehen mutig: Er hat seine Führungsleistung ohne Selbstmitleid oder Ausreden bewertet und offenes Feedback vom Team abgefragt. Die Stimmung im Team war angespannt. Dirk Schlickenrieder hat sich der Situation ohne Umwege gestellt. Er vertraut seinem Team und konnte sich zu Recht auf die kooperative Haltung der Kollegen verlassen. Das ist nicht selbstverständlich und verdient Respekt.
- Dirk Schlickenrieder hatte viele Jahre seine Abteilung gut im Griff, selbst bei hohem Arbeitsanfall. Er hatte es sich in seiner Führungsaufgabe gemütlich eingerichtet und erwartete von den neuen Telemitarbeitern keine Veränderung der Situation. Das war naiv. Diese Sorglosigkeit schien allerdings von der Unternehmensleitung suggeriert zu

werden, denn man hätte die Pros und Cons der Telearbeit durchaus im Führungskreis diskutieren sollen. Vor der Einführung der Maßnahme oder als begleitende Debatte, beispielsweise drei Monate nach Arbeitsstart der ersten Kolleginnen und Kollegen im Homeoffice. Bei dem merklichen Mangel an qualifizierten Ingenieuren auf dem Arbeitsmarkt sind neue Mitarbeiter eine zu wertvolle Ressource, um auf eine strukturierte Einarbeitung zu verzichten. Dies war Herrn Schlickenrieder auf einem abstrakten Niveau klar. Die Erkenntnis hatte aber erst im zweiten Schritt auch Konsequenzen für sein Handeln. Schön ist es, dass Herr Schlickenrieder die Initiative ergreift, auch wenn andere Führungskräfte das Problem nicht oder noch nicht erkennen wollen.

- Die Arbeitskultur in den anderen Abteilungen ist nicht bekannt. Die Peers von Herrn Schlickenrieder zeigen keine Motivation das eigene Handeln zu reflektieren. Durch die Einführung von Telearbeit im Unternehmen kommt es natürlich zu einem Kulturwandel, der noch nicht thematisiert ist. Das würde ich als Lowlight bezeichnen. Man muss nicht sofort den – vielleicht großen Begriff – *Culture Change* bemühen. Es ist trotzdem wichtig, dem Veränderungsmanagement noch mehr Aufmerksamkeit schenken. Ziel muss es sein, alle Mitarbeiter und Führungskräfte ideal abzuholen: Stammmitarbeiter wie neue Kollegen. Alle stehen durch immer mehr Telemitarbeiter vor neuen Herausforderungen im Arbeitsalltag, was erkannt und gewürdigt werden sollte. Eine systematische Teamentwicklung unter diesem Aspekt erscheint mir sinnvoll. Neben der Entwicklung des Teams muss sich Dirk Schlickenrieder auch mit den Karrierewünschen seiner Mitarbeiter befassen – sie sind ein grundsätzliches Anliegen. Dies gilt besonders für die neuen Mitarbeitern, denen ich besonders hohe Erwartungen unterstelle. Die gute Situation von „Schnellgewachsen" sorgt auch dafür, dass die Stammmitarbeiter sich noch mehr profilieren möchten. Mit Schlickenrieders Reaktion „das mache ich jetzt erst mal nicht" ist noch nicht das richtige Vorgehen gefunden.

**Fazit**
- Die gelungene Mischung von Nähe und Distanz ist für erfolgreiche Führungskräfte eine tägliche Herausforderung. Nutzt man das Instrument der virtuellen Führung, erhält diese Frage besondere Brisanz: Welcher Mitarbeiter benötigt mehr oder weniger Anleitung (oder auch gut gemeinte Kontrolle) für die Zielerreichung? Bei welchen Aufgaben verändert sich das?
- Generell spricht man mehr über Freiräume für die Mitarbeiter bei virtueller Führung. An diesem Beispiel sehen wir, dass es auch darum gehen kann, den Grad der Begleitung zu ausgewählten Punkten zu erhöhen (fachliche Anleitung, Feedback oder Coaching, Steuerung des Informationsflusses).[5]
- Viele Maßnahmen, die bisher von Herr Schlickenrieder intuitiv oder informell eingesetzt wurden, müssen jetzt geplant und formalisiert werden. Das gefiel nicht allen Mitarbeitern, auch Dirk Schlickenrieder sträubte sich. Dies war sicher ein Grund für seine Betriebsblindheit zu Beginn.

---

[5]Kiesler, S., & Cummings, J. N. [7].

- Einige der Lowlights sind nicht ausschließlich dem Themenkreis „Führung auf Distanz" zuzuordnen. Es handelt sich vielmehr um klassische Fehler in der Integration neuer Mitarbeiter oder der Gestaltung von Karrierewegen. Das virtuelle Arbeitsverhältnis verstärkte die gefühlte Dringlichkeit einiger der Probleme jedoch. In diesem Team werden einige neue Tools und Strategien eingeführt. Trotzdem spielen klassische Instrumente wie Feedback, Dialog und Teamentwicklung eine große Rolle.[6]

**Was nehmen Sie mit?**
Sie haben den Praxisfall von Dirk Schlickenrieder aus verschiedenen Perspektiven reflektiert. Bitte fassen Sie nun Ihre stärksten Eindrücke zusammen, um so Ihre Gedanken und Lernfortschritte zu dokumentieren. Das Arbeitsblatt hilft Ihnen dabei, in der Chronologie des Praxiskapitels vorzugehen:

**Erster Schritt: Blick in den Spiegel**
1. Selbstbild reflektieren

   .........................................................................................................

2. Feedback von den Mitarbeitern abholen

   .........................................................................................................

**Zweiter Schritt: Checkpoint/Kontrollpunkt**
1. .......................................................................................................

2. .......................................................................................................

3. .......................................................................................................

**Dritter Schritt: Praxisgerechte Maßnahmen ableiten**
1. Anliegen der Mitarbeiter zum Arbeitsmodell und der Technik abholen

   .........................................................................................................

   .........................................................................................................

2. Umsetzung der beschlossenen Maßnahmen nachsteuern

   .........................................................................................................

   .........................................................................................................

---

[6]Remdisch, S. [16].

## 2.2    Teammitglieder in anderer Stadt

### 2.2.1    Praxisfall

---

**Praxisfall**

Das Unternehmen „Supertechnik" aus Frankfurt ist Marktführer in Schließanlagen rund um sichere Gebäudetechnik. Es war in den letzten Jahren nicht nur organisch gewachsen, sondern hat auch einige Firmenzukäufe getätigt. Es gibt mehrere Niederlassungen mit unterschiedlich langer Firmenzugehörigkeit. Die Mitarbeiter sind in ganz Deutschland verteilt. Nicht alle Fachabteilungen waren an allen Standorten personell gleich stark vertreten. Es ist die gelebte Praxis, dass Teams und Führungskräfte nicht am gleichen Standort eingesetzt werden. Die Marketingabteilung von Supertechnik liefert ein typisches Beispiel für diese Situation: Es arbeiten acht Mitarbeiter und die Führungskraft in Frankfurt. Vor zwei Jahren waren noch vier Experten in Stuttgart und drei in München dazu gekommen. Diese Aufteilung sorgt im Arbeitsalltag des Teams und der Führungskraft, Isabell Kammerer, für Herausforderungen.

---

Es fehlt am Zusammenhalt in der Marketingabteilung. Verhärtete Fronten zwischen den Standorten gehören fast schon zum normalen Ablauf, denn es kam immer wieder zu Meinungsverschiedenheiten zwischen den einzelnen Teams. Von einem gemeinsamen Qualitätsstandard ist die Abteilung ebenfalls noch entfernt. Frau Kammerer schrieb dies der Abteilungsstruktur zu. Sie versuchte die Störungen in der Zusammenarbeit durch einzelne Gespräche zwischen den „Streithähnen" aufzulösen. Das war bisher dreimal nötig gewesen. Es funktionierte zufriedenstellend, denn es lagen keine weiteren Beschwerden der Mitarbeiter vor.

Neulich erhielt Isabell Kammerer jedoch eine kritische Rückmeldung zur Wahrnehmung der Marketingabteilung im Unternehmen. Ein Kommentar vom Vertrieb lautete, dass bei überregionalen Projekten wohl eine Hand nicht wisse, was die andere mache. Man hätte außerdem nicht das Gefühl, die Abteilung unterstütze sich bei den Messen oder Events gegenseitig. Es liege öfter Gewitterstimmung in der Luft, wenn Marketing-Kollegen aus mehreren Standorten eingebunden seien, meinte der Vertriebsleiter, Jonas Schmidbauer. An die oft unterschiedlichen Einschätzungen und Vorgehensweisen zu Fachfragen in Frankfurt, München und Stuttgart habe man sich schon gewöhnt, zog Herr Schmidtbauer als Fazit.

Auf diese Botschaften reagierte Isabell Kammerer betroffen. Bisher lebte sie mit der Hoffnung, dass trotz der Reibereien der gemeinsame Auftritt im Unternehmen funktionierte. Die konkreten Gründe für die schlechte Stimmung zwischen den Standorten waren ihr auch nach vielen Rückfragen bei den Kollegen schleierhaft. Wenn aber auch die internen oder vielleicht sogar die externen Kunden die schlechte Zusammenarbeit in der Abteilung kritisierten, drohte das Problem zu eskalieren.

Frau Kammerer war seit zehn Jahren im Unternehmen und als Führungskraft akzeptiert. Trotzdem merkte sie, dass auch ihr Image als Abteilungsleiterin durch den Auftritt des Teams litt. Natürlich war sie damit unzufrieden. Frau Kammerer reiste selten nach Stuttgart und München, wenn nicht auch ein Anliegen ihrer internen oder externen Kunden dies erforderte. Peter Fischer, der Chef von Isabell Kammerer, hielt große Stücke auf sie. Sie unterstützte ihn auch kurzfristig mit Markt- und Absatzzahlen. So liebte er es, wenn seine „rechte Hand" vor Ort in Frankfurt war. Das kam Frau Kammerer entgegen, weil sie die Anzahl ihrer Geschäftsreisen gerne gering hielt.

Die Mitarbeiter aus München oder Stuttgart zeigten sich ebenfalls nicht oft in Frankfurt. Isabell Kammerer hatte bisher auch nicht darauf gedrängt. Schließlich wussten ihre Leute, was vor Ort zu tun war und konnten sie darüber hinaus jederzeit ansprechen. Bisher hatte sie dazu lachend verkündet: „Telefon und E-Mail sind schon erfunden. Dienstreisen für die Abstimmung können wir uns sparen. Immerhin sind wir Technologie-Champions!" Auf diesem Weg herrschte reger Austausch zwischen ihr und allen Mitarbeitern: Der Führungsstil von Frau Kammerer ist fair und zugewandt. Sie nahm sich Zeit, wenn man sie ansprach oder anrief. Sie gab sich Mühe, sinnvolles Feedback zu geben und förderte ihr Team, so gut sie konnte. Sie gab klare Ziele vor und begleitete die Zielerreichung mit Sachverstand. Die wöchentlichen Jour fixes mit den Kollegen in Stuttgart und München führte sie per Videokonferenz, sodass sie einem Präsenzgespräch aus der Sicht von Frau Kammerer nahe kamen. Isabell Kammerer war mit der Zielerreichung ihrer Mitarbeiter zufrieden: sie arbeiteten zeit- und budgettreu. Natürlich kann jeder Edelstein noch mehr poliert werden, wie sie augenzwinkernd bei ihrem Chef argumentierte.

Frau Kammerer überlegte, ob es an der – zugegeben mageren – Beziehungspflege mit den süddeutschen Kollegen lag, dass die Abteilung nicht gut zusammen gewachsen war. Es gab nur eine Gelegenheiten im Jahr, bei der sich alle von Angesicht zu Angesicht gegenüberstanden: die Weihnachtsfeier in Frankfurt.

Egal, was die Ursache war, jetzt war der schnelle Einsatz passender Management-Tools gefragt. Isabell Kammerer war ratlos, wie sie weitermachen sollte. Sie war auch bisher nicht untätig gewesen. Wenn in einem Projekt schlechte Laune hochkam, hatte sie sich sofort eingeschaltet und die Rahmenbedingungen verbessert. Bei Streit führte sie gemeinsame Gespräche mit den Beteiligten und moderierte so lange, bis alle Anliegen auf Augenhöhe geklärt waren. Einen durchgängigen Ansatz verfolgte sie allerdings nicht, wie sie jetzt selbstkritisch feststellte. Sie befasste sich mit „Feuerlöschen", nicht mit Lösungen. Seit die Süddeutschen an Bord waren, sanken Motivation und die „gefühlte" gute Laune ihrer Abteilung an allen Standorten. Das war ihr aufgefallen, jedoch hatte sie die Situation nicht ernst genug genommen.

Noch am gleichen Nachmittag wendete sie sich an die Personalabteilung und bat um Unterstützung. Blicken Sie Isabelle Kammerer über die Schulter.

=> **Aufgabenstellung und Problemanalyse**

„Supertechnik" ist eine erfolgreiche Firma, die neben organischem Wachstum auch Unternehmenszukäufe zur Expansion nutzt. Die Marketingabteilung ist deshalb schon seit zwei Jahren auf verschiedene Standorte verteilt, weil in Frankfurt, Stuttgart und München neue Mitarbeiter integriert wurden. So heterogen wie die Standorte scheint auch die Vorgehensweise der Experten zu sein. Die Atmosphäre ist angespannt. Von einem guten Zusammenhalt im Team ist wenig zu spüren. Die schlechte Stimmung im Team zeigt sich nun auch gegenüber den internen Partnern im Vertrieb. Die Führungskraft Isabell Kammerer muss reagieren. Jetzt geht es darum, die Situation zutreffend einzuschätzen und mit den passenden Management-Instrumenten zu intervenieren:

**Systematik: An den Start**
1. Schritt: Lage erkennen
2. Schritt: Checkpoint
3. Schritt: Praxisgerechte Maßnahmen ableiten
4. Schritt: Im Rückspiegel – wie ging der Praxisfall weiter?
5. Schritt: Highlights and Lowlights im Praxisfall „Teammitglieder in einer anderen Stadt"

**Ihr Lernvorteil:** Mit der Systematik „Lage erkennen" fällt es Ihnen leichter, die Situation in der Abteilung zu verstehen. Sie können nachvollziehen, wie schrittweise eine unklare Ausgangslage gemeinsam mit der Führungskraft geklärt wird. Der Rechercheprozess wird vorgestellt und anhand von fallbezogenen Messkriterien eine geeignete Lösungsstrategie und konkrete Maßnahmen herausgearbeitet.

**1. Schritt: Lage erkennen**
Die Personalabteilung unterstützt Isabell Kammerer sofort mit der Tatkraft, die sie selbst in diesem Augenblick vermissen lässt. Schon am nächsten Tag treffen sich der Personalleiter Dieter Weber und Frau Kammerer zu einer Lagebesprechung. Zu Beginn des Gesprächs bemühen sich die beiden festzulegen, was das Ziel und das ideale Ergebnis des Treffens sein könnte.

**a) Ratlosigkeit überwinden**
Frau Kammerer ist noch immer ratlos, denn sie verbrachte eine schlaflose Nacht und kam trotzdem zu keiner Lösung. Es fällt ihr schwer, die Situation im Team zu beschreiben oder konkrete Probleme zu benennen. Sie bringt einige Aspekte vor und bricht dann ab: „Mit diesem Durcheinander können Sie sicher nicht viel anfangen, oder Herr Weber?" Als Gesprächsziel nennt sie den Wunsch, dass ihr Team wieder motiviert und leistungsstark arbeitet.

Dieter Weber ist klar, dass dies so schnell – und durch ein Beratungsgespräch – nicht zu erreichen ist. Er erkennt an Frau Kammerers Verhalten, dass sie gedanklich noch im anstrengenden operativen Geschäft verhaftet ist. Für die Analyse der Ausgangssituation ist es wichtig, Distanz im Sinne eines Betrachtungsabstandes zu schaffen. Herr Weber möchte erst einmal Daten für die gemeinsame Beschreibung und Einschätzung der Lage zusammentragen. Er geht davon aus, dass die Stoffsammlung Frau Kammerer dabei helfen wird, ihre Eindrücke zu sortieren. Auf dieser Grundlage, so schätzt Herr Weber die Situation ein, kann sie ihre hervorragende Analysefähigkeit für die Problemlösung aktivieren.

**b) Gedanken visualisieren**
Dieter Weber schlägt vor, ein paar Fakten gemeinsam am Flipchart zu sammeln. Nach seiner Erfahrung wirkt es Wunder, die eigenen Gedanken als geschriebenes Wort zu visualisieren. Meist befreit das den Denkprozess der Führungskräfte aus der unfreiwilligen Dauerschleife, die unter Stress häufig entsteht. Immer gleiche Gedankenketten lösen sich auf. Diffuse Wirkzusammenhänge lassen sich auf Papier leichter erkennen und bearbeiten. Mit dieser Technik gewinnen unklare Problemstellungen an Kontur und werden schrittweise greifbar. Dies ist die Voraussetzung für die nachhaltige Lösung. Herr Weber findet eine Ordnung für die Stoffsammlung nach Rubriken sinnvoll. Er schlägt ein Grundgerüst mit vier Kategorien vor. Der praktische Nutzen für Frau Kammerer ist sein Hauptanliegen:

1. Sachebene im Team
2. Beziehungsebene im Team
3. Feedback von außen (andere Fachabteilungen)
4. Feedback vom Team

Lesen Sie in Abb. 2.5, 2.6, 2.7, 2.8 und 2.9, was die beiden im Meeting erarbeitet haben und auf Flipcharts notierten:

**c) Ressourcen aktivieren**
Isabell Kammerer ist dankbar für die Anleitung. Schon durch diese Vorbereitung fühlt sie sich emotional entlastet und von ihrer Handlungsunfähigkeit befreit. Dieter Weber ist selbst eine erfahrene Führungskraft. Er liest den Stimmungswechsel von Frau Kammerers Gesicht ab und ist damit zufrieden. Er wollte ihre Tatkraft wecken, denn er kannte sie als erfolgreiche Abteilungsleiterin.

Dieter Weber war sich sicher: belebte er ihre schlummernden Ressourcen, fanden sie gemeinsam das richtige Vorgehen. Immerhin war Isabell Kammerer die Expertin für ihr Team – und damit auch für dessen Schwierigkeiten. Dieses Wissen wollte er für die Problemlösung nutzen, ohne Isabell Kammerer mit ihrem Anliegen alleine zu lassen.

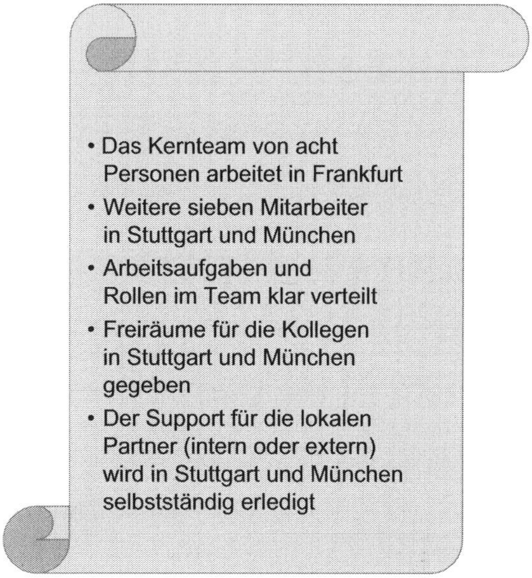

**Abb. 2.5** Sachebene im Team
(1/1)

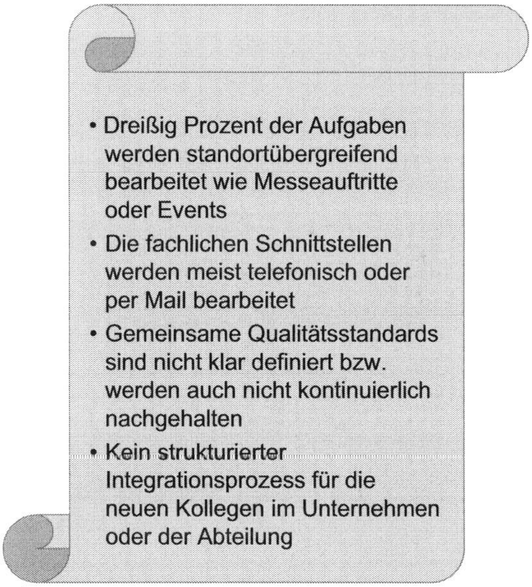

- Das Kernteam von acht Personen arbeitet in Frankfurt
- Weitere sieben Mitarbeiter in Stuttgart und München
- Arbeitsaufgaben und Rollen im Team klar verteilt
- Freiräume für die Kollegen in Stuttgart und München gegeben
- Der Support für die lokalen Partner (intern oder extern) wird in Stuttgart und München selbstständig erledigt

**Abb. 2.6** Sachebene im Team
(1/2)

- Dreißig Prozent der Aufgaben werden standortübergreifend bearbeitet wie Messeauftritte oder Events
- Die fachlichen Schnittstellen werden meist telefonisch oder per Mail bearbeitet
- Gemeinsame Qualitätsstandards sind nicht klar definiert bzw. werden auch nicht kontinuierlich nachgehalten
- Kein strukturierter Integrationsprozess für die neuen Kollegen im Unternehmen oder der Abteilung

Gemeinsam arbeiten sich die beiden vor. Dieter Weber stellt Reflexionsfragen, um die Lage im Team aus vier Perspektiven zu beschreiben. Er notierte auf Flipcharts die Antworten von Frau Kammerer. Dabei fragte er so lange nach, bis Frau Kammerer mit seiner Mitschrift und den konkreten Formulierungen komplett zufrieden war.

**Abb. 2.7**  Beziehungsebene
im Team

- Wenig Engagement in der Beziehungs-
  pflege. Beide Seiten sind passiv und
  vermeiden den persönlichen Kontakt
- Zusammentreffen der Kollegen fast nur
  bei beruflichen Projekten
- Es fehlt am Zusammenhalt in der
  Truppe, Konflikte oder verhärtete
  Fronten gehören zum normalen Ablauf
- Es fanden Reisen zu den Standorten
  statt – aber immer mit voller Agenda,
  so dass wenig Zeit für ein informelles
  Gespräch zwischen den Kollegen blieb

**Abb. 2.8**  Feedback von
anderen Fachabteilungen

- Im Marketing-Team fehlt der strukturierte
  Austausch an Informationen. Eine Hand
  wisse nicht, was die andere mache
- Die Marketingexperten unterstützen sich
  bei Messen oder Events nicht gerne
  gegenseitig
- Die Stimmung zwischen den
  Marketingexperten sei öfter gespannt
- Unterschiedliche Einschätzungen und
  Vorgehensweisen der Kollegen aus
  Frankfurt, München und Stuttgart
  sind an der Tagesordnung

Viele der Fragen hatte sich Isabelle Kammerer auch schon selbst gestellt, allerdings ohne klare Antworten zu finden. Durch die gemeinsame Arbeit mit Herrn Weber war sie angehalten den Sachverhalt so lange zu durchdenken, bis sie sich inhaltlich festlegen konnte.

Isabell Kammerer sieht sich im Raum um. An den Wänden hängen die Papierbögen mit den Notizen zu den vier zuvor festgelegten Punkten. Die Hoffnung des Personalleiters hatte sich erfüllt. Neben der gemeinsamen Reflexion half es Frau Kammerer

**Abb. 2.9** Feedback vom
Team aus dem Gedächtnis von
Frau Kammerer

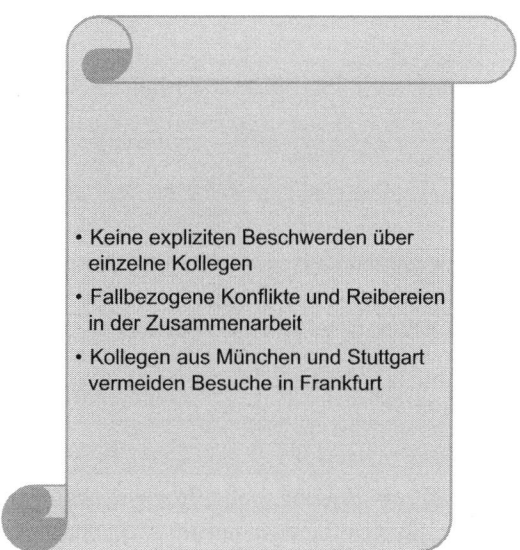

• Keine expliziten Beschwerden über
  einzelne Kollegen
• Fallbezogene Konflikte und Reibereien
  in der Zusammenarbeit
• Kollegen aus München und Stuttgart
  vermeiden Besuche in Frankfurt

besonders, ihre Gedanken „vor Augen" zu haben. Jetzt fiel es ihr leichter, die Situation zu erfassen. Nach und nach kehrte ihr Beurteilungsvermögen zurück und sie nahm eine veränderte innere Haltung ein. So schätzt die Führungskraft Isabell Kammerer die Lage ein:

• Unbewusst hatte sie mehr Inhalte zur Sachebene im Team gesammelt als zu den anderen Punkten. Hier hatten Sie und Herr Weber zwei Blätter beschrieben, bei den anderen Aspekten genügte ihnen ein Bogen. Das Feedback vom Team fand sogar auf nur einem halben Chart Platz. Darüber wollte sie später noch mal nachdenken.
• Sie hatte bereits Maßnahmen zur Teamentwicklung ergriffen. Es waren sinnvolle Einzelfalllösungen, die allerdings nur kurzfristig Abhilfe brachten. Die einzelnen Gespräche oder Veranstaltungen waren jedoch keine Schritte in die falsche Richtung, wie Frau Kammerer im Stillen befürchtet hatte. Es fehlte eher der rote Faden bei ihrem Tun.
• Die tägliche Zusammenarbeit auf Distanz zwischen den Standorten war bei ihrer Maßnahmenplanung bisher ein unwichtiger Referenzpunkt. Da war es kein Wunder, dass die Motivation und die „gefühlte gute Laune" ihrer Abteilung an allen Standorten kontinuierlich abnahmen.

Die schönsten Schuhe sind nutzlos, wenn sie an zu kleinen oder zu großen Füssen stecken, lachte Isabell Kammerer am Ende der Sitzung über ihre bisher so selektive Wahrnehmung. Das sollte sich ändern. Sie musste die Situation in der Abteilung mit einer anderen Herangehensweise gestalten.

**Praxistipp**

Es fällt auf, dass erfolgreiche Führungskräfte häufig mit einem bewährten Werkzeugkasten arbeiten. Das ist sinnvoll und praxisnah, birgt jedoch auch Risiken wie das Zitat von Abraham Maslow[7] veranschaulicht:

*Wenn dein einziges Werkzeug ein Hammer ist,*

*sieht jedes Problem wie ein Nagel aus.*

Folgt man dem Gedanken von Abraham Maslow, lohnt es sich jedoch diesen Werkzeugkasten regelmäßig mit weiteren Werkzeugen zu bestücken und auch auf deren Einsatz im richtigen Anwendungsfall zu achten. Sonst läuft die Führungskraft Gefahr, dass die angewendeten Maßnahmen zwar nicht „komplett falsch" sind – aber auch nicht die gewünschte Wirkung entfalten.

Herrn Webers Ratschlag, die Problempunkte zu sammeln und zu visualisieren, erwies sich als hilfreich. Frau Kammerer suchte nach einem Weg, schnell und diskret die Situation im Team zu Recht zu rücken. Hier der Zwischenstand:

- Isabell Kammerer fühlte sich nicht mehr unsicher, was die Einschätzung der Lage anging
- Sie hatte erkannt, dass ihre Wahrnehmung von der Zusammenarbeit im Team einseitig war. Die Haltung im Team bzw. einzelner Teammitglieder war wahrscheinlich anders
- Sie erwarb durch die Reflexion bereits erste Ideen für Lösungsansätze

Im nächsten Schritt formt Frau Kammerer aus ihren Ideen eine klare Strategie und nutzt passende Werkzeuge für die Umsetzung. Lesen Sie nachfolgend, wie das genau erfolgt. Zuvor hilft Ihnen der folgende Fragebogen dabei, Ihre Eindrücke zum Praxisfall zusammenzufassen. Reflektieren Sie, ob Sie sich der Meinung von Dirk Schlickenrieder anschließen oder ob Sie eine andere Auffassung zur Situation im Team haben.

**2. Schritt: Checkpoint/Kontrollpunkt**

**Führungsnavigator**

1. Wie schätzen Sie die Bedürfnisse des Teams/Projektgruppe ein?

.................................................................................................................

.................................................................................................................

---

[7]www.nur-zitate.com/zitat/5806, Zugriff am 19.06.2017 [8].

2. Wie beurteilen Sie das aktuelle Vorgehen der Führungskraft im Praxisfall?

......................................................................................................................

......................................................................................................................

3. Welche Veränderungen schlagen Sie vor (operativ/strategisch)?

......................................................................................................................

......................................................................................................................

**Ein Blick auf Ihre persönlichen Erfahrungen mit Führungssituationen**

1. Welche Erfahrungen haben Sie als Führungskraft mit dieser Teamkonstellation und der nötigen virtuellen Zusammenarbeit gesammelt? Wie leicht ist es Ihnen gefallen, die Ziele zu erreichen und alle Mitarbeiter „im Boot zu behalten"? Mit welchen Informationen haben Sie gearbeitet?

......................................................................................................................

......................................................................................................................

2. Waren Sie als Mitarbeiter schon in einer virtuellen Arbeitssituation? Wie gut haben Sie sich vom Team und der Führungskraft „abgeholt" gefühlt? Was hat Sie motiviert – was hat Ihnen weniger gut gefallen?

......................................................................................................................

......................................................................................................................

......................................................................................................................

......................................................................................................................

## 2.2.2 Erfolgreiche Strategien und Tools: Brücken bauen

**3. Schritt: Praxisgerechte Maßnahmen ableiten**

**Ihr Lernvorteil:**

Im nächsten Abschnitt können Sie Isabell Kammerer dabei beobachten, wie sie ihr Theoriewissen zu Teamentwicklung an ihren Anwendungsfall anpasst. Sie erfahren, wie sie in mehreren Schritten die Managementtheorien in die eigene Berufssituation integriert.

Isabell Kammerer wusste aus den Führungsseminaren des Unternehmens, dass die Entwicklung eines Teams sich in vier Phasen einteilen lässt. Sie blätterte in den Schulungsunterlagen und fand die gesuchten Informationen. Auch im Studium hatte Frau Kammerer einiges über Teamentwicklung gehört. Vollständig überzeugt war sie bisher nicht von den Modellen. Sie war ein sachlicher Typ und die Ausführungen erschienen ihr zu gefühlsbetont. Aus ihrer Sicht bemühten sich erwachsene, gut ausgebildete Menschen am Arbeitsplatz ihre „Gefühlszustände" im Sinne der Aufgabe zurück zu stellen. Oder etwa nicht?

Es kam hinzu, dass ihr der Praxisbezug im Seminar fehlte. Bei der Diskussion kamen keine realistischen Szenarien zum Einsatz, deshalb blieb Frau Kammerer skeptisch. Isabell Kammerer seufzte und las den Text aufmerksam durch[8]:

1. **Forming oder Findungsphase**
   Leitmotiv: Kontakt aufbauen
   Merkmale:
   – Die Zugehörigkeit zum Team wird von den Einzelnen unterschiedlich erlebt und bewertet
   – Die Rollen im Team sind noch unklar. Auch die Ziele des Teams und die konkreten Auswirkungen auf die eigene Arbeit sind noch unbestimmt
   – Die zwischenmenschlichen Beziehungen zwischen den Teammitgliedern sind instabil. Selbst wenn sich die Kollegen bereits kennen, kommt es häufig zu Schwankungen in den Beziehungen zwischen den einzelnen: von Annäherung zu Entfernung und wieder zurück
   – Hohe Abhängigkeit von der Teamleitung und somit geringe Eigenorganisation im Team.

**Zusammenfassung**
- Die fachliche Leistung des Teams ist eher gering
- Es fehlt die Identität als Team und das gemeinsame Bild von der Zielerfüllung
- Die Aufmerksamkeit der Mitarbeiter liegt in einem hohen Maß auf den zwischenmenschlichen Herausforderungen. Normalerweise erscheinen die Arbeitsaufgaben zwar unklar aber grundsätzlich machbar
- Für die Bewältigung dieser Herausforderung kann das Team noch nicht auf eine geübte Praxis auf der Verhaltensebene zurückgreifen.

2. **Storming oder Streitphase**
   Leitmotiv: Konflikte austragen
   Merkmale:
   – Es bilden sich erste Kontakte, meist formieren sich Untergruppen im Team
   – Die soziale Hackordnung im Team ist noch nicht festgelegt. Die Verbindungen zwischen den Teammitgliedern sind noch nicht stabil

---

[8]Tuckman, B. W. [22]; Tuckman, B. W./Jensen, M. A. [23].

– Unterschwellige Konflikte werden ausgetragen, um die eigene Rolle in der Gruppe zu definieren oder sich gegen andere durchzusetzen
– Das Vehikel für diese Positionierungskämpfe sind häufig Debatten zu Arbeitsthemen Einzelne oder mehrere hinterfragen die vorhandenen Regeln.

**Zusammenfassung**
- Hemmnisse und Störungen bei der Aufgabenerfüllung werden vom Team wahrgenommen
- Die Gespräche finden vielfach in schlechter Atmosphäre statt. Sie liefern Lösungen, die nicht von allen Teammitgliedern anerkannt werden
- Die Teammitglieder empfinden in dieser Phase die Zusammenarbeit selbst als nicht produktiv bzw. noch nicht vollständig produktiv
- Es wird allen klar, dass die geglückte Zusammenarbeit nicht so einfach zu erreichen ist wie anfänglich erwartet.

3. **Norming oder Organisationsphase**
Leitmotiv: Kontrakte schließen
Merkmale:
– Die Rollen im Team sind klar verteilt und werden von den meisten Mitgliedern anerkannt
– Die Bedürfnisse der Individuen im Team für die Aufgabenerfüllung sind bekannt und finden Berücksichtigung
– Prozesse und Strukturen werden gemeinsam definiert
– Die Teammitglieder bringen sich intensiv in den Arbeits- und Interaktionsprozess ein

**Zusammenfassung**
- Der offene Austausch von Meinungen zwischen den Teammitgliedern wird immer häufiger. Gegenseitiges Vertrauen baut sich auf. Vereinbarungen über die Arbeitsweise werden erfolgreich gemeinsam festgelegt. Es entsteht eine spezifische Kultur
- Der Diskurs über die Gefühlswelt der einzelnen Mitarbeiter ist ohne Gesichtsverlust möglich und wird im Team begrüßt
- Die Gespräche zu Inhalten und Arbeitsweisen werden von allen im Team zunehmend als konstruktiv eingeschätzt
- Die Leistungskraft der Teammitglieder – und des Teams – steigert sich.

4. **Performing oder Leistungsphase**
Leitmotiv: Kooperation leben
Merkmale:
– Flexible und leistungsfähige Gemeinschaft
– Starkes Wir-Gefühl
– Kooperation und Rücksichtnahme in der Zusammenarbeit

**Zusammenfassung**
- Hohe Leistungskraft im Team
- Das Gefühl von Vertrautheit zwischen den Teammitgliedern ist etabliert und sorgt für eine gemeinsame Identität
- Es gibt keine oder wenig Kommunikationsbarrieren
- Störungen in der Zusammenarbeit werden erkannt und einvernehmlich gelöst, Verhaltensweise und Prozesse bei Bedarf angepasst. Die Qualitätsansprüche des Teams werden gemeinsam besprochen und umgesetzt
- Nach einer längeren Leistungsphase ist in Teams häufig eine Veränderung in der Gruppendynamik zu beobachten. Es kommt zu einer neuen Findungs-phase. Die Rollen der Teammitglieder werden vom Team selbst wieder infrage gestellt, bestehende Normen und Regeln hinterfragt. Die Leistungs-fähigkeit des Teams sinkt wieder. Man spricht hier von Reforming oder einer neuen Findungsphase, selbst wenn sich die Zusammensetzung im Team nicht ändert.

Isabell Kammerer betrachtet die Grafik zum Modell der Teamphasen, wie Sie es in der Abb. 2.10 sehen können:

Parallel zur Lektüre versucht Isabell Kammerer die Situation in ihrem Team den Phasen der Teamentwicklung zuzuordnen, denn sie fand die Argumente nun doch überzeugend. Sie vertrat zuerst die Meinung, Ihr Team befinde sich in der „Organisationsphase" oder sogar der „Leistungsphase". So wäre es nach mehreren Jahren der Zusammenarbeit zu erwarten, folgerte sie zögerlich.

Frau Kammerer blickte noch mal auf das Modell, dann griff sie zu Papier und Stiften und machte sich Notizen. Sie entschloss sich, ihre Auffassung zu überprüfen und jeweils Argumente für eine Teamphase und gegen eine Teamphase sammeln. Sie wollte auf diesem Weg ihr Team beschreiben, um später die passenden Steuerungsmethoden auszuwählen. In der Tab. 2.2 vergleicht Isabell Kammerer Argumente für oder gegen eine Teamphase:

**Abb. 2.10** Phasen der Teamentwicklung. (Tuckman, B. W./Jensen, M. A. [23].)

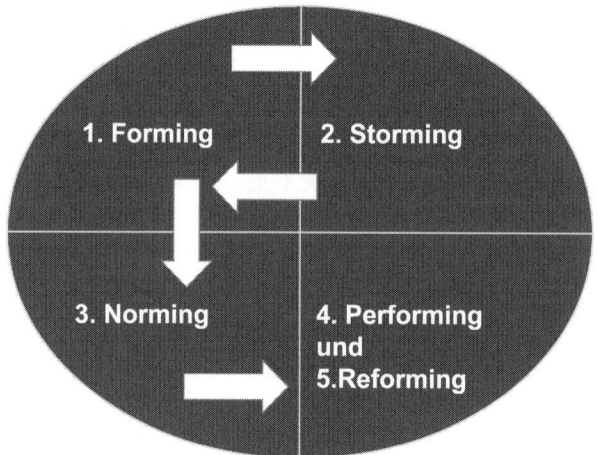

**Tab. 2.2** Argumente und Gegenargumente für eine Teamphase

| Argumente für eine Teamphase | Gegenargumente für eine Teamphase |
|---|---|
| **Team ist in Findungs-Phase** | **Team ist nicht in Findungs-Phase** |
| Das Marketingteam setzt sich aus drei verschiedenen Teams zusammen. | Seit drei Jahren arbeiten acht Mitarbeiter und die Führungskraft in Frankfurt. Vor zwei Jahren waren noch vier Personen in Stuttgart und drei in München dazu gekommen. |
| **Einschätzung von Isabell Kammerer Fachlich/persönliche Beziehungen** | |
| Es handelt sich um die Marketingabteilungen drei unterschiedlicher Unternehmen, die zusammengelegt wurden. Die drei Teams sind also nicht nur in Bezug auf den Standort unterschiedlich. Man kann davon ausgehen, dass verschiedene funktionale Kulturen und Organisationskulturen noch immer wirken. Die Verteilung auf mehrere Regionen leistet einen weiteren Beitrag zur „gefühlten und tatsächlichen Distanz". | Zuerst hatte ich die gemeinsame Arbeitszeit von zwei Jahren an allen Standorten vor Augen, als ich über die Reife in der Zusammenarbeit nachdachte. Jetzt vermute ich, dass wir die Zeit nicht zum Aufbau einer gut funktionierenden Abteilung genutzt haben. Das war ein Fehler. |
| Die Aufgaben- und Rollenverteilung ist nicht so eindeutig, wie von mir unterstellt. | |
| Die Beziehungen zwischen den Teams sind auch nach einigen Jahren noch provisorisch. Die Gruppe kommt alleine nicht mit den Schwierigkeiten klar, es fehlt an gemeinsamen Methoden. | |
| **Team ist in Streit-Phase** | **Team ist nicht in Streit-Phase** |
| Es fehlt am Zusammenhalt in der Truppe. Verhärtete Fronten zwischen den Standorten gehören fast schon zum normalen Ablauf. | Frau Kammerer (…) versuchte die Störungen in der Zusammenarbeit durch einzelne Gespräche aufzulösen. Das funktionierte zufriedenstellend. Es gab keine Beschwerden von Mitarbeitern. |
| Von einem gemeinsamen Qualitätsstandard ist die Abteilung ebenfalls noch entfernt. Frau Kammerer schrieb dies der Abteilungsstruktur zu und versuchte die Störungen in der Zusammenarbeit durch einzelne Gespräche aufzulösen. | |
| Isabell Kammerer erhält neuerdings immer häufiger kritische Rückmeldungen zur Wahrnehmung des Marketingteams im Unternehmen. | |
| Es liege öfter Gewitterstimmung in der Luft, wenn die Marketing-Truppe aus mehreren Standorten eingebunden sei, sagte neulich einer der Abteilungsleiter, Jonas Schmidbauer, in einer Strategiesitzung. | |
| An die unterschiedlichen Einschätzungen und Vorgehensweisen zu Fachfragen in Frankfurt, München und Stuttgart habe man sich schon gewöhnen müssen. | |

(Fortsetzung)

**Tab. 2.2**   (Fortsetzung)

| Argumente für eine Teamphase | Gegenargumente für eine Teamphase |
|---|---|
| **Einschätzung von Isabell Kammerer**<br>**Fachlich/persönliche Beziehungen** | |
| Einzelne Teammitglieder beklagen sich über Störungen in der Zusammenarbeit. Unser Image im Unternehmen leidet, weil auch andere Abteilungen nicht mehr zufrieden sind. | Ich musste einige Mal durch Gespräche eingreifen, weil es zu Reibereien im Team kam. Die Störungen treten vor allem bei Projekten auf, die alle oder zwei Standorte betreffen. Ich dachte allerdings, dass bei einem Event oder Messeauftritt durch die stressige Situation schneller mal die Nerven blank liegen. |
| Die soziale Hackordnung im Team ist immer wieder in Bewegung. Vielleicht gab es für die gesamte Gruppe noch nie eine stabile Gruppenordnung seit dem Abteilungszusammenschluss. Das zeigt sich besonders im Verhältnis zwischen den Standorten. Es gibt eine deutlichere Cliquenbildung zwischen den Standorten als durch den Organisationsaufbau nötig. Eigentlich muss man den Zustand sogar als „merkliche Abgrenzung" der einzelnen Standorte bezeichnen. | Die Kooperation zwischen den Kollegen in Frankfurt ist gut. Auch in München und Stuttgart arbeiten die Teams – mit kleinen Höhen und Tiefen – befriedigend zusammen. Leider allerdings ohne Verbesserung in Richtung „gut oder sehr gut", sondern eher mit der Tendenz zur Verschlechterung. |
| Die Regeln der Abteilung werden immer wieder von einzelnen infrage gestellt, obwohl ich dachte alle seien im Boot. | Bei der Ursachenklärung und den von mir geführten Gesprächen habe ich die problematische Grundstimmung falsch eingeschätzt. |
| **Team ist in Organisationsphase** | **Team ist nicht in Organisationsphase** |
| Isabell Kammerer war bisher nicht untätig gewesen, wenn sie auch keinen strukturierten, durchgängigen Ansatz verfolgte. | Ein Kommentar vom Vertrieb lautete, dass bei Projekten an mehreren Standorten wohl eine Hand nicht wisse, was die andere mache. |
| Isabell Kammerer hatte bisher auch nicht darauf gedrängt. Schließlich wussten ihre Leute, was vor Ort zu tun war und konnte sie darüber hinaus jederzeit ansprechen. Bisher hatte sie dazu meist lachend verkündet: „Telefon und E-Mail sind schon erfunden. Dienstreisen können wir uns sparen für die Abstimmung zwischen uns. Immerhin sind wir ja Technologie-Champions!".<br>Auf diesem Weg herrschte reger Austausch zwischen ihr und allen Mitarbeitern: Der Führungsstil von Frau Kammerer ist fair und zugewandt. Sie nahm sich Zeit, wenn man sie ansprach oder anrief. | Man hätte außerdem nicht das Gefühl, die Truppe unterstützte sich bei Messen oder Events ohne Vorbehalte gegenseitig. |
| Die wöchentlichen Jour fixes mit den Kollegen in Stuttgart und München führte sie per Videokonferenz, sodass sie einem Präsenzgespräch aus der Sicht von Frau Kammerer nahe kamen. | |

(Fortsetzung)

**Tab. 2.2**  (Fortsetzung)

| Argumente für eine Teamphase | Gegenargumente für eine Teamphase |
|---|---|
| **Einschätzung von Isabell Kammerer**<br>**Fachlich/persönliche Beziehungen** | |
| Das Team zeigt sich gegenüber unseren internen und externen Kunden nicht als Einheit oder wenigstens als Kollegenschaft. | Meine – das finde ich auch nach kritischer Prüfung – gut organisierte Vorgehensweise bei den Jour fixes kann hier keinen ausreichenden Kontrapunkt setzen, wenn es darum geht gemeinsame Arbeitsweisen in der Abteilung zu etablieren. |
| Wir haben noch keine gemeinsame Identität entwickelt, bei der sich alle für die Ergebnisse an allen Standorten verantwortlich fühlen. | Das Kooperationsverhalten in der Gruppe scheint nicht auszureichen, vielleicht auch weil die Herangehensweisen noch nicht ausreichend auf einander abgestimmt sind. |
| Man merkt am Feedback der anderen Fachabteilungen, dass es zwischen den Kollegen unterschiedliche Meinungen zur Arbeitsorganisation oder zu einzelnen oder gesamten Qualitätsstandards gibt. | Ich bin die einzige Person, die sich emotional schon in der Organisationsphase befindet. |
| Die Kollegen sprechen ihre verschiedenen Sichtweisen auf die Aufgaben oder die Zusammenarbeit im Team wohl nicht offen an, bzw. finden im Gespräch keine zufriedenstellenden Lösungen miteinander. Es gibt noch keine – oder keine ausreichend funktionierende – gruppeneigene Lösungsstrategie für solche Themen. | |
| Ich habe das ansonsten ruhige und höfliche Verhalten innerhalb der Abteilung nicht richtig eingeordnet. | |
| **Team ist in der Leistungsphase** | **Team ist nicht in der Leistungsphase** |
| Frau Kammerer war mit der Zielerreichung ihrer Mitarbeiter zufrieden: sie arbeiteten zeit- und budgettreu. | Seit die Süddeutschen an Bord waren, sanken Motivation und die „gefühlte gute Laune" ihrer Abteilung an allen Standorten. |
| Natürlich kann – wie sie augenzwinkernd bei Ihrem Chef argumentierte – „jeder Edelstein noch weiter poliert werden". | Frau Kammerer reiste selten nach Stuttgart und München, wenn nicht auch ein Anliegen ihrer internen oder externen Kunden dies erforderte. |
| Sie gab sich Mühe, sinnvolles Feedback zu geben und förderte ihr Team, so gut sie konnte. Sie gab klare Ziele vor und begleitete die Zielerreichung schrittweise mit viel Sachverstand mit. | Die Mitarbeiter aus den anderen Standorten zeigten sich nicht oft in Frankfurt. Frau Kammerer überlegte, ob es wohl an der – zugegeben etwas mageren – Beziehungspflege auf persönlichem Niveau mit den süddeutschen Kollegen lag, dass die Abteilung nicht gut zusammen gewachsen war. Es gab nicht viele Gelegenheiten im Jahr, wo alle im Team sich von Angesicht zu Angesicht gegenüberstanden. |
| Peter Fischer, der Chef von Isabell Kammerer, hielt große Stücke auf sie. | |

(Fortsetzung)

**Tab. 2.2** (Fortsetzung)

| Argumente für eine Teamphase | Gegenargumente für eine Teamphase |
|---|---|
| **Einschätzung von Isabell Kammerer**<br>**Fachlich/persönliche Beziehungen** | |
| Glücklicherweise schätzt mein Chef mich und meine Arbeit. Insgesamt liefert mein Team Ergebnisse, die für das Unternehmen einen Nutzen stiften.<br><br>Das genügt mir aber auf Dauer nicht: ich möchte unsere Qualität natürlich weiter steigern und alle internen und externen.<br><br>Kunden mit unserem Marketing nachhaltig begeistern. Es wird für mich jetzt allerdings immer klarer: dazu muss erst auf der Beziehungsebene eine gemeinsame Grundlage geschaffen werden, dann kann ich die fachliche Performance zusammen mit dem Team bearbeiten. | Ich vermute, das gegenseitige Vertrauen fehlt. Wir haben uns im großen Team noch nicht gut genug kennen gelernt. Der schnelle Austausch von E-Mails oder Telefonbotschaften hilft nur wenig dabei, ein Vertrauensverhältnis zwischen den Standorten aufzubauen. Es fehlen die Intonation, Mimik und die Gesten, die man im Gespräch erleben kann. So kommt es natürlich zu falschen Interpretationen – wahrscheinlich sind einige Missverständnisse entstanden, die uns noch nicht einmal bewusst sind.<br><br>Es war falsch von mir, auf persönliche Treffen zu verzichten. Selbst, wenn ich damit gut zurecht-komme, sieht das für das Team vielleicht anders aus.<br><br>Die zwischenmenschlichen Beziehungen sind für die Leistungsfähigkeit in der Abteilung viel ausschlaggebender als ich dachte.<br><br>Es scheint bei komplexen Aufgaben wichtig für die Mitarbeiter zu sein, persönlich darüber zu sprechen. Per Videokonferenz, E-Mail oder Telefon leidet die Verständlichkeit und die Verbindlichkeit der Vereinbarungen. Ich habe die Chancen der digitalen Zusammenarbeit zu positiv eingeschätzt. |

**Fazit zum Reifegrad des Teams von Isabelle Kammerer**

Isabell Kammerer nutzt die Aufstellungen oben, um den Status ihres Teams zu analysieren. Auf dieser Grundlage änderte sie ihre Meinung. Sie verstand, dass sie den Reifegrad der Abteilung in Bezug auf die Gruppendynamik falsch eingeschätzt hatte. Ihr Team schwankte offensichtlich zwischen den beiden ersten Phasen der Teamentwicklung: Findungs- und Streitphase.

Die Führungskraft benötigte einige Minuten Reflexionszeit, denn sie musste diese Erkenntnis erst einmal verdauen. Frau Kammerer war bisher der Meinung gewesen, die Gruppe hätte bereits einen größeren Reifegrad erreicht. Nach einigen Minuten drängte sich ihr eine Erkenntnis auf: kein Wunder, dass ihre Interventionen bisher nicht nachhaltig gewirkt hatten. Sie passten nicht zur Situation!

Isabell Kammerer fasst die Lage für sich folgendermaßen zusammen:

In der Reflexion mit Herrn Weber hatte sie bereits herausgefiltert, dass bei den von ihr bisher getroffenen Maßnahmen der rote Faden fehlte. Jetzt zeigte sich, dass die Maßnahmen nicht ideal auf die Teamdynamik zugeschnitten waren. Frau Kammerer befasste sich bisher mit einzelnen „Streithähnen", nicht mit der gesamten Abteilung. Zudem hatte sie die Bedürfnisse der Abteilung falsch eingeschätzt.[9] Selbstverständlich versetzte es Frau Kammerer nicht gerade in Hochstimmung als sie ihre Fehler erkannte. Sie fühlte sich jetzt allerdings wieder handlungsfähig. Am kommenden Tag fing sie mit der Maßnahmenplanung an.

Zu Beginn der Maßnahmenkette steht ein Workshop, der sowohl für die Beziehungspflege wie für die noch bessere fachliche Abstimmung eine Beitrag leisten soll. Genauer gesagt: er soll im Grunde den Startpunkt bilden für eine neue Phase in der Zusammenarbeit der Marketingabteilung. Isabell Kammerer sagte im Briefing für die Trainerin und Moderatorin: „Bitte kein totales Gefühlsding. Wenn Sie erlauben, dass ich das mal so provokativ ausdrücke: Ich möchte nicht, dass wir unsere Konflikte malen oder tanzen. Sachlichkeit ist und bleibt mir ein Anliegen für das berufliche Umfeld."

Dieser Wunsch war für die Expertin gut nachvollziehbar. Sie stellte einen Ablauf zusammen, der Beschreibungen beruflicher Themen als Ausgangspunkte nutzte (siehe Abb. 2.11).

Spielerische Elemente im Abendprogramm oder zwischen anspruchsvollen Programmpunkten sollten schrittweise als Eisbrecher wirken. Als Nadine Kunze die Agenda vorstellte, erklärte sie ihre Qualitätskriterien für Teamentwicklungs-maßnahmen im Detail. Frau Kammerer war von der Liste begeistert und wollte die gute Mischung zwischen „harten und weichen Aspekten" auch als Leitlinie für die anstehende Veranstaltung einsetzen:

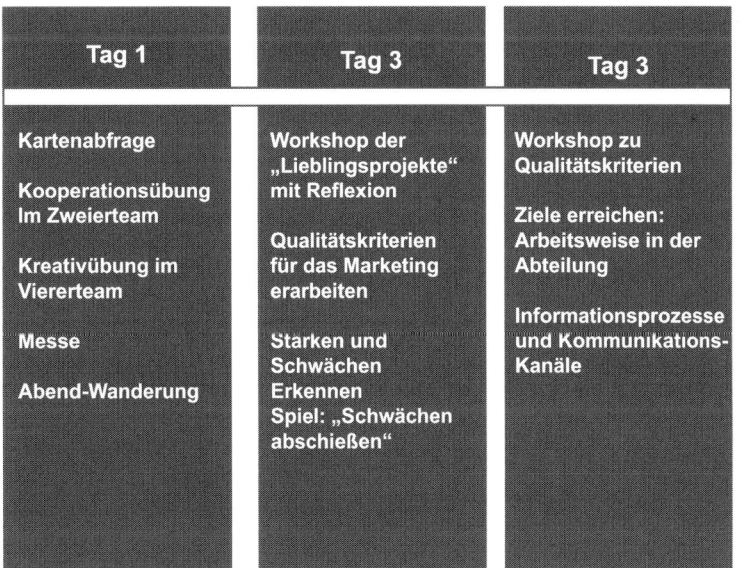

**Abb. 2.11**  Workshop-Grobplanung für das Team von Isabelle Kammerer

---

[9]Kiesler, S., & Cummings, J. N. [7].

**Top-Ten-Liste der Workshop-Regeln**
1. Angenehme Location aus der Sicht aller Teilnehmer wählen
2. Die Teilnehmer am ersten Tag in Ruhe in der „Situation ankommen lassen"
3. Erwartungen der Teilnehmer abholen
4. Zielsetzung des Workshops vorstellen und mit den Erwartungen der Teilnehmer abgleichen
5. Erwartungen ernst nehmen und in den Ablauf integrieren. Wenn nötig, den Ablauf verändern
6. Beziehungsebene immer vor der Sachebene behandeln: inhaltlichen Ehrgeiz zurückstellen zugunsten der gelungenen Atmosphäre
7. Zwischenfeedback einholen und berücksichtigen
8. Raum für Diskussionen geben
9. Niemanden überfordern: Ruhephasen einplanen
10. Zielerreichung mit Teilnehmern am Ende besprechen und nächste Schritte abstimmen.

Bei der inhaltlichen Gestaltung ließ sich Isabelle Kammerer von Nadine Kunze überzeugen. Zuerst war sie von einem Drei-Tage-Event abgeschreckt. Sie fürchtete sich vor aufkommender Langeweile. Auf den zweiten Blick verstand sie das Konzept besser: die Abteilung brauchte Reifezeit für eine merkliche Weiterentwicklung. Da auch Anreise und Abreise am ersten beziehungsweise am dritten Tag eingeplant waren (und einige Zeit beanspruchten), fand sie den Vorschlag am Ende sinnvoll.

Frau Kammerer gelang es eine Eventlocation zu finden, die geografisch günstig für alle Mitarbeiter zu erreichen war und den Anforderungen an Seminarräume, Übernachtung und Verpflegung entsprach. Dieser Punkt kam bei den Mitarbeitern gut an, als Frau Kammerer in einem Teammeeting den Teamevent ankündigte (für die Kollegen in Stuttgart und München als Videokonferenz, für die Frankfurter vor Ort). Man traf sich „in der Mitte". Keiner der Standorte wurde benachteiligt.

Neben Organisatorischem erzählte Frau Kammerer, dass sie gerne etwas für die gute Zusammenarbeit in der Abteilung tun möchte. Die genaue Planung sollte per E-Mail versendet werden. Isabell Kammerer betonte gemäß den Workshop-Regeln von Nadine Kunze mehrfach, dass der vorgeschlagene Ablauf flexibel sei und die Gruppe vor Ort die Aktivitäten mitgestalte.

Die Abteilung von Frau Kammerer reagierte auf diese Mitteilungen höflich aber verhalten. Es war der erste gemeinsame Teamevent, sodass den Mitarbeitern nichts anderes übrig blieb als sich überraschen zu lassen. Lesen sie hier alles über die Höhen und Tiefen der drei Workshop-Tage:

**Der erste Tag**

Als am ersten Tag alle gegen 10:00 Uhr im Landgasthof „Gemütlich" eingetroffen
waren, fragte die Moderatorin die Erwartungen ab. Alle im Team schrieben ihre Gedanken auf Karten: Wünsche und Befürchtungen waren gleichermaßen willkommen. Die
Karten hingen bis zur Abreise auf einem Pinboard im Seminarraum und sollten immer
mal wieder betrachtet und in Bezug auf die Zielerreichung als Navigationspunkte eingesetzt werden.

Dies stand auf den Karten (Abb. 2.12).

Anschließend zogen die Mitarbeiter Lose, damit Zweierteams per Zufallsauswahl
entstanden. Dann musste jeder seinen Partner vor der Gruppe vorstellen. Es sollten
möglichst viele noch unbekannte Eigenschaften der Kollegen zur Sprache kommen. Zu
Beginn war die Stimmung etwas steif. Es fielen Kommentare wie: „Ach ja, diese Spiel-
chen. Mal sehen, wie das hier so läuft. Habe ich schon öfter gemacht".

Die Moderatorin Nadine Kunde ließ sich von diesen kritischen Bemerkungen nicht
aus der Ruhe bringen.

Bei der Präsentation der Teampartner zeigten sich viele neue Facetten der Kollegen.
Sie reichten von: „Maria liebt Himbeereis", oder „seine Modelleisenbahn ist sein größ-
ter Schatz", und „Nähen ist ihre Leidenschaft" bis zu „Er ist ein echt guter Koch, sagt
seine Frau". Man konnte förmlich spüren, wie sich das Klima in der Gruppe schrittweise
veränderte. Die neuen Einblicke in das Leben der Kollegen sorgten für Interesse – das
fanden alle schmeichelhaft. Es kam unerwartet schnell Bewegung in die Gemüter, wie
die Moderatorin bemerkte.

**Abb. 2.12**  Rückmeldung des Teams

Die nächste Übung war als Gradmesser für die aktuelle Kooperationsfähigkeit gedacht. Diesmal arbeiteten vier Teams zusammen, die wieder per Zufall zusammengestellt wurden. Die Kleingruppen sollten aus Pappe ein Objekt ihrer Wahl bauen.

Alle mussten einräumen, dass Themenwahl und Arbeitsaufteilung in den Gruppen nur holprig in Gang kamen. Es dauerte ewig, bis die Teams sich für die zu bastelnden Häuser, Boote oder Autos entschieden hatten. Das lag an den verschiedenen Meinungen im Team, die nur mit Mühe unter einen Hut gebracht wurden. Jeder wollte ein anders Objekt bauen bzw. es lagen die Vorstellungen von „geeigneten Autos" weit auseinander: Größe, Aussehen oder Vorgehen waren strittig. Meist sprachen mehrere Personen gleichzeitig. Niemand gab sich große Mühe, dem anderen zuzuhören. Die Umsetzung der mühevoll gefassten Bastelpläne sorgte erneut für Diskussionen: Wer sollte was wann machen – und warum? So kam es dazu, dass einige Aufgaben mehrfach erledigt wurden, andere dagegen zu spät. In manchen Teams gab es mehrere „Häuptlinge" und eher wenig Aktion. In anderen Teams nur „Indianer", da sich offensichtlich alle vor der Verantwortung scheuten. Auch hier passierte wenig und es herrschte Chaos im Raum. Das Mittagessen musste verschoben werden, damit alle Teams bis zur Pause ein respektables Papiermodell erarbeiten konnten. Mit viel Mühe, gelang dies allen vier Gruppen (siehe Abb. 2.13). Nicht jedes Team war stolz auf das Ergebnis, wobei die Stimmung unterschiedlich war. Von „kompletter Harmonie" konnte jedoch an keiner Stelle die Rede sein.

Nach dem Essen ging es darum, die Situation in den Workshopteams gemeinsam zu beschreiben:

- Was lief gut?
- Wo lagen die Herausforderungen?
- Wie kam die Rollenverteilung zustande?
- Was nehmen wir mit?

**Abb. 2.13**  Boote bauen

Das war ein interessanter Moment für Frau Kammerer, denn die Mitarbeiter bewerteten sich überraschend ehrlich. Sie gaben zu, dass „der Teamgeist wohl fehlt" oder man sich nicht gerne unterordnet, wenn anstatt dem eigentlich angestrebten Papierhaus am Ende ein Boot von der Gruppe gebaut wurde.

Es zeigte sich an dieser Stelle deutlich: das zuvor als kindisch kritisierte Spiel, spiegelt die Arbeitskultur der Abteilung klarer als vom Team gedacht.

Die Moderatorin unterstützte die Teilnehmer durch geschickte Fragen darin, die eigenen Eindrücke zu schildern. Jeder äußerte sich und lieferte wertvolle Beobachtungen ab. Das Fazit war überraschend konstruktiv. Es scheint an wirkungsvollen Absprachen zu fehlen, meinten alle. Frau Kammerer schmunzelte dazu nur.

Später am Nachmittag bekam jeder Mitarbeiter die Chance, ihr oder sein Lieblingsprojekt im Rahmen seines Verantwortungsbereichs vorzustellen. Das Ganze war als kleine Messe gedacht. Die Mitarbeiter hatten die Chance erhalten, sich schon im Vorfeld darüber Gedanken zu machen. Jeder sollte ein Plakat beschriften, wo sie/er seine Stärken sieht.

Die Workshopräume verwandelten sich im Handumdrehen in eine interessante Messelandschaft. Frau Kammerer war beeindruckt. Die Mitarbeiter legten sich ins Zeug und erklärten sich gegenseitig die Zielrichtung der einzelnen Projekte, ihre Lieblingsaufgaben bei Planung und Abwicklung, sowie die eigenen Stärken dabei. Plötzlich hatten es die Kollegen durch die Ausstellungsstücke buchstäblich vor Augen, dass an allen Standorten der Abteilung anspruchsvolle Themen mit großer Expertise erledigt wurden.

Ein neues Gefühl von Stolz auf die eigene Abteilung erfasste die Teilnehmer. Ganz nebenbei kam man neu miteinander ins Gespräch. Aus allen Ecken hörte man die fachsimpelnden Kollegen in intensiven Debatten zu dieser oder jener Expertenfrage. Die bisher deutliche „Grüppchenbildung" entsprechend der regionalen Herkunft der Mitarbeiter schmolz dahin, weil sich die Kollegen anders als zuvor kennenlernten. Ein merklicher Schritt in die richtige Richtung, freuten sich Frau Kammerer und die Moderatorin.

Nach der Messe schloss sich eine Zusammenfassung der Eindrücke in der großen Runde an. Die Moderatorin fragte nach den gemeinsamen Neigungen und Stärken im Team. Das machte allen großen Spaß und es entstand eine ansehnliche Liste, mit der die Gruppe zufrieden war. Frau Kammerer hatte Zweifel, ob wirklich alle Stärken in der Ausprägung im Team zu finden seien. Zu diesem Zeitpunkt war das aber nicht so wichtig, denn das Thema „Qualität" wollte man sich erst morgen vornehmen. So unterbrach sie die Ausführungen ihrer Mitarbeiter nicht.

Der nächste Programmpunkt war eine Wanderung nach dem Abendessen, die sehr gut ankam. Bei der Stärkung am Ende durfte bei Fackelschein jeder sagen, was er sich von seinem Traumteam erwartet. Die aufgezählten Wünsche wurden von der Moderatorin notiert. Alle verfolgten die Aussagen mit großer Aufmerksamkeit. Noch beim Frühstück fielen scherzhafte Kommentare zu den Beiträgen, die das Gruppengefühl stärkten.

**Der zweite Tag**

Am zweiten Tag stand das Thema „Qualität" auf der Agenda. Bevor die Übung begann, warf das Team einen Blick auf die Karten mit den Erwartungen von Tag eins. Die Teilnehmer gaben der Moderatorin „grünes Licht". Man war zufrieden mit dem bisherigen Verlauf.

Jetzt sollten die Kollegen die Lieblingsprojekte ihrer internen und externen Kunden vorstellen. Sie durften alle Themen nennen, die sie im Marketing für andere Abteilungen oder direkt für Kunden betreut hatten. Natürlich war der Vergleich mit den eigenen Lieblingsprojekten gewünscht, wobei man sich auf die Stärken konzentrierte. Die Schwächen sollten in diesem Moment nicht „auf den Tisch" kommen. Niemand sollte sein Gesicht verlieren. Dies waren die Arbeitsfragen im Workshop:

- Waren es dieselben Projekte?
- Was lief besonders gut – warum?
- Wie fiel aus der Sicht der Kunden die Einschätzung der Stärken des Marketingexperten aus?

Auf der Basis dieser Selbsteinschätzung wurden im Laufe des Tages die Qualitätskriterien der Abteilung beleuchtet und gemeinsame Standards formuliert.

Zum Ende der Fachdiskussion als alle zufrieden auf die fünf gemeinsam formulierten Qualitätspunkte auf dem Flipchart blickten, gab es noch eine Überraschung. Die Moderatorin forderte die Gruppe dazu auf, die ermittelten Stärken und Schwächen der Abteilung auf Luftballons zu schreiben – Aufblasen der Ballons vor dem Beschriften inklusive. Das lockerte die Stimmung nach den anstrengenden Diskussionen auf.

Die Moderatorin ließ sich auch durch die bohrenden Fragen zum Sinn und Zweck des Ganzen nicht in die Karten sehen. Sie erklärte erst nach dem Abendessen, wofür die ungefähr 50 Ballons gebraucht wurden. Nach dem Dessert vergab Nadine Kunze die nächste Aufgabe. Man wählte vier Teams in neuer Zusammensetzung, um im Wettbewerb Darts zu spielen. Die Werfer hatten jedoch keine Zielscheibe vor Augen, sondern die zwischenzeitig im Tagungsraum auf einer Schnur aufgehängten Luftballons. Es sollten jedoch nicht alle Ballons als Ziele dienen. Die Aufgabe war es, lediglich auf die Schwächen zu zielen und diese „abzuschießen".

Es kam zu zahlreichen Zwischenfällen, die für Heiterkeit in der Runde sorgten: Stärken platzen vor den Augen des Teams genauso wie die Schwächen. Scherzhaft verteidigten einige Kollegen die Stärken des Teams vor den Würfen. Es überlebten aber auch Schwächen-Ballons die Angriffe hartnäckiger Darts-Werfer. Es folgten angeregte Gespräche an der Bar, wie die Qualität im Marketingteam einzuschätzen sei.

Am Ende gingen alle fröhlich und in gelöster Stimmung schlafen. Das Stimmungsbarometer stand günstig für den dritten Tag. Isabell Kammerer grübelte allerdings noch einige Zeit. Sie verstand nicht, was zu den Störungen in der Zusammenarbeit geführt hatte. Der Workshop lieferte bisher zu dieser Frage keine deutlichen Hinweise. Das fand sie unbefriedigend.

**Der dritte Tag**

Auch der Tag drei war den gemeinsamen Qualitätsstandards der Marketingabteilung gewidmet. Es sollte darum gehen, wie das Team die Standards erreichen wollte.

Der Aspekt „gute Kommunikation" wurde seit Beginn des Workshops in den Diskussionen durch gelegentliche Wortmeldungen gestreift aber nie intensiv besprochen. Jetzt schien die Zeit reif für eine tiefer gehende Debatte. Ein entsprechender Einwurf von Monika Schneider, einer Kollegin aus Stuttgart, weckte das allgemeine Interesse. Man wollte in drei Arbeitsgruppen Vorschläge ausarbeiten, welche Art von Informationsaustausch die Arbeitsqualität und die Zusammenarbeit weiter verbessern würden.

Als die Arbeitsgruppen ihre Ergebnisse vorstellten, war Frau Kammerer besorgt, dass einige der Kollegen für ihre fachliche Unabhängigkeit plädieren würden. Die Erwartungskarte „Keine Gleichschaltung" schien zu Beginn des Workshops die Gefühle aller auszudrücken und stand Frau Kammerer als fortwährende Warnung vor Augen (siehe Abb. 2.11). Als Führungskraft lag ihr jedoch viel an einer Leitlinie, wie sich die Abteilung im Kontakt mit internen und externen Kunden aufstellte. Diese Angst erwies sich als unbegründet. Man zeigte sich zufrieden mit den Qualitätsstandards: „Damit können wir an allen Standorten gut leben. Das engt unser Entscheidungsvolumen nicht ein, sondern hilft uns bei der Arbeit.", antwortete Josef Moosbauer aus München augenzwinkernd als Frau Kammerer den Punkt ansprach. Der Rest des Teams grinste vielsagend zu diesem Statement und stimmte nickend zu. „Aha, das war also nur heiße Luft", ging es Frau Kammerer durch den Kopf.

Gerade in dem Augenblick als Isabell Kammerer sich entspannte, materialisierte sich eine unerwartete Herausforderung: Alle Arbeitsgruppen artikulierten unabhängig voneinander, dass sie sich oft „uninformiert" fühlten. Wie konnte das passieren, wo sich Frau Kammerer so intensiv um die gute Abstimmung in der Abteilung bemühte?

Sie fragte nach und wartete gespannt auf Erklärungen ihres Teams. Man erhielt die nötigen Informationen nicht immer in der sinnvollen Dosierung, war die Antwort. Die E-Mails fassten Details über die Aufgaben des Absenders zusammen, allerdings mit wenig Nutzen für die Empfänger. Damit wären mehr die Kollegen gemeint, weniger die Abteilungsleitung. Die Mitarbeiter nannten zwar konkrete Beispiele, konstruktive Verbesserungsvorschläge fehlten jedoch bei dem Feedback durchgängig. Den Berichten mangelte es an Klarheit und das konkrete Problem wurde nicht deutlich. Erst in diesem Moment bemerken Isabell Kammerer und die Moderatorin Nadine Kunze schlagartig, dass in Bezug auf die nicht gelungene Kommunikation in der Abteilung das Gefühl von Ratlosigkeit herrscht.

Wieder meldete sich Monika Schneider zu Wort. Sie schlug vor, die Kommunikationsmedien für die Abstimmung im Team genau auf die persönlichen Wünsche und Arbeitsweisen abzustimmen. Frau Kammerer war nicht begeistert von diesem Vorschlag. Warum?

Alle standen den ganzen Tag unter Zeitdruck, denn an Aufgaben fehlte es der Abteilung nicht. Isabell Kammerer fragte sich, wie eine kontinuierliche Metakommunikation zu den Medien zusätzlich Platz in den zahlreichen Tagesaufgaben finden und behalten sollte. Sie fand das Thema banal. „Kann ja wohl nicht so schwer sein, eine sinnvolle

E-Mail zu schreiben, oder?", dachte sie im Stillen. Eine tiefere Diskussion lehnte sie deshalb innerlich ab. Als erfahrene Führungskraft behielt Frau Kammerer ihre Gedanken jedoch erst einmal für sich. Nach einem Blickwechsel mit der Moderatorin wartete sie ab, wie die Mehrheit entschied.

Es passierte etwas Überraschendes aus der Sicht von Isabell Kammerer. Die Gruppe ging spontan und merklich emotional auf Monika Schneiders Einwurf ein. Plötzlich meldeten sich alle gleichzeitig zu Wort. Die Videokonferenzen gefielen jedem. Da die Räume mit der Videotechnik auch von anderen Abteilungen genutzt wurden, war ein flexibler Einsatz nicht möglich. Manche Kollegen im Team fühlten sich durch Anrufe genervt, weil sie so aus dem eigenen Arbeitsfluss gerissen würden. Sie bevorzugten Mails. Andere im Team schätzten Mails nur, wenn sie kurz waren. Zu komplizierte Sachverhalte wollten sie nicht lesen müssen, dafür fehle die Zeit. Die nächsten Wortmeldungen widersprachen diesem Argument. Sie bezeichneten kurze Mails als unhöflich. Durch die fehlenden Zusammenhänge seien sie häufig zusätzlich zur schlechten Etikette auch missverständlich. Die Aufzählung und Diskussion der Argumente dauerte lange.

Die Moderatorin gab dem Team Zeit. Offensichtlich hatten sie erst heute, am dritten Tag des Workshops, den „wunden Punkt" in der Zusammenarbeit gefunden. Sie war zufrieden und fand es wichtig, die Anliegen aller zu hören und zu besprechen. Das funktionierte gut, denn die Gruppe tauschte sich intensiv und konstruktiv aus. Am Ende stand die Aufforderung an Frau Kammerer gemeinsam mit allen Kollegen zu klären, welche Themen

- für die persönliche Abstimmung
- für E-Mails
- für Telefonate
- für Videokonferenzen

geeignet seien.

Isabell Kammerer war gerne bereit, diese Aufgabe zu übernehmen. Bisher folgte sie in der Medienauswahl diesem Strickmuster:

- Wichtige Anliegen per Videokonferenz
- Standard-Themen per Mail
- Jederzeit Telefonate nach Bedarf.

Während sie der Diskussion zuhörte, merkte die Führungskraft immer mehr, dass sie bei der Auswahl der Kommunikationskanäle intuitiv nach ihren Vorlieben vorgegangen war. Isabell Kammerer hatte das Team nur selten zum Medieneinsatz um Feedback gebeten, sondern geradezu diktatorisch für alle entschieden. Sie fand diesen Punkt nicht wichtig genug, um lange darüber nachzudenken. Jetzt ging Frau Kammerer ein Licht auf: das war ausgesprochen kurzsichtig. Andererseits war sie nun zufrieden, denn neben den vielen verbesserungswürdigen Details des Tagesgeschäfts hatten sie nun die „Achillesferse" der

Abteilung gefunden: die Kommunikation in der Abteilung über die virtuellen Medien. Jetzt konnten sie und das Team mit der zielgerichteten Verbesserungsarbeit beginnen.

Als man nach dem Mittagessen in Richtung der Heimatorte aufbrach, hatten alle ein gutes Gefühl. Die Feedbackrunde zeigte, dass man alle Wunschthemen behandelt hatte. Die Balance zwischen Spaß und Arbeit war gut gelungen. Die Schwierigkeiten zwischen den Standorten waren nicht komplett ausgeräumt, es herrschte jedoch merklich „Tauwetter" zwischen den Kollegen. Bei der Verabschiedung überreichte die Moderatorin auf kleinen Urkunden die Sammlung aller Wünsche, die bei der Wanderung geäußert wurden. Jeder fuhr mit einem Exemplar des Wunschzettels der Abteilung nach Hause, der helfen sollte die gute Zusammenarbeit nicht aus den Augen zu verlieren.

**4. Schritt: Im Rückspiegel – wie ging der Praxisfall weiter?**
Isabell Kammerer fand während des Workshops zu ihrer gewöhnlichen Tatkraft zurück. Sie hatte sich ihre anfängliche Passivität noch nicht verziehen. Frau Kammerer wollte diesen Rückstand möglichst schnell aufholen und ihr Fehlverhalten in Bezug auf die Auswirkungen der virtuellen Zusammenarbeit rasch korrigieren.

- Im ersten Schritt setzte sie einen weiteren Workshop an. Ein Trainer unterstützte als Experte für virtuelle Zusammenarbeit die Abteilung dabei, den idealen Medieneinsatz pro Aufgabenfeld zu diskutieren. Frau Kammerer fand, man müsse vor der Vereinbarung von Kommunikationsweisen zuerst die Fähigkeiten der Mitarbeiter schulen. In diesem Workshop lernten alle, dass Medienkompetenz in engem Zusammenhang mit der fachlichen Expertise eines jeden Mitarbeiters steht. Empfindet man eine Aufgabe als einfach, ist auch eine kurze E-Mail informativ. Wenn man jedoch für ein komplexes Projekt verantwortlich ist, ist ein anderer Medieneinsatz hilfreicher. Dabei ist es wichtig, nicht nur den eigenen Standard zu kennen. Auch die Kompetenz aller Partner im Projekt ist hier zu berücksichtigen. Wer benötigt die Informationen einfach, komplex, schnell, bequem, vertraulich oder genau? Diese Fragen wurden gemeinsam diskutiert und lieferten mehr Gesprächsstoff als alle zuvor vermuteten. Der Trainingstag schuf eine neue Sensibilität bei Frau Kammerer und dem ganzen Team. Auf dieser Grundlage fiel es leichter, die persönlichen Affinitäten zu erkennen, zu beschreiben und dann das für den Moment ideale Vorgehen zu vereinbaren. Alle waren begeistert, denn auch im Alltagstest zeigte sich eine dauerhafte Verbesserung der Zusammenarbeit. Natürlich setzte Frau Kammerer das Thema auch weiterhin regelmäßig auf die Agenda des Teammeetings, sodass aktuelle Bedarfe gemeinsam besprochen werden konnten.
- Isabell Kammerer war noch immer beeindruckt von der Messe zu den Lieblingsprojekten ihrer Mitarbeiter. So baute sie eine „Best Practise Gallery" mit Projekten aus dem Marketing im Intranet auf, die von einem Praktikanten betreut wurde. Jeder Mitarbeiter konnte Filme oder Fotos von aktuellen Lieblings-projekten selbst hochladen. Zweimal im Jahr wurden von den Kollegen die Preisträger des neu ins Leben gerufenen Abteilungsawards gewählt. Ein Preis wird an standortübergreifende Projekte vergeben, um auch die Kooperationsleistung hinter dem Projekt zu würdigen.

Die Siegerehrung gab den Anlass für einen kleinen Event, der als persönliches Treffen aller Marketingkollegen abgehalten wurde. Dabei rollierte die Veranstaltung zwischen Frankfurt, Stuttgart und München. Die Gallery kam gut an, weil alle im Team über die aktuellen Projekte besser informiert waren. Fast nebenbei wurden die Qualitätskriterien im Marketing immer wieder besprochen. Die „Kür-Aufgabe" des standortübergreifenden Projekts festigte die vertrauensvolle Zusammenarbeit zwischen den Kollegen in unterschiedlichen Städten. Zudem ließ das Gefühl im Team nach, dass die Chefin vielleicht den aufreibenden Alltag der Kollegen in München und Stuttgart nicht ernst genug nahm.

- Frau Kammerer reiste jetzt häufiger nach Stuttgart und München. Ihre Führungskraft war erst überrascht, verstand dann aber ihre Beweggründe. Frau Kammerer ermutigte ihre Mitarbeiter ebenfalls mehr Dienstreisen zu unternehmen, wenn dies auch ihr Budget belastete. Sie fand, diese Ausgaben seien für die nächste Zeit eine wertvolle Investition. Als sie dieses Argument bei der Durchsprache der Plandaten aussprach, seufzte ihr Vorgesetzter Peter Fischer schwer. Unter der Voraussetzung, dass vernünftige Grenzen eingehalten wurden, stimmte er jedoch zu.

- Nach einem Jahr wagte Isabell Kammerer eine Kundenbefragung. Sie wollte wissen, wie ihre Abteilung bei internen und externen Kunden eingeschätzt wird: die Ergebnisse waren gut bis sehr gut. Das Stimmungsbarometer im Team zeigte ebenfalls wieder „Sonnenschein" an.

Sie haben die Vorgehensweise von Isabell Kammerer auf den letzten Seiten kennen gelernt. Der nächste Abschnitt beschreibt und beurteilt die von der Führungskraft gezeigten Stärken und Schwächen im Praxisfall. Die Sammlung der Argumente ist keine abschließende Liste, sondern bietet Ihnen – in Ergänzung und Abrundung zu Ihren Eindrücken – ein Fazit aus meiner Sicht.

**5. Schritt: Highlights and Lowlights im Praxisfall „Alle in einem Boot"**
- Isabell Kammerer ist eine erfahrene Führungskraft. Wie das Fallbeispiel zeigt, reagiert sie zwar auf die ersten leichten Störungen in der Zusammenarbeit des Teams, jedoch mit den falschen Instrumenten. Erst schlechtes Feedback durch die internen Kunden im Unternehmen alarmiert sie. Sie reagiert geschockt und wendet sich an die Personalabteilung, um nach professioneller Unterstützung zu fragen. Hier hat sie das Glück, einen erfahrenen Coach in Person des Personalleiters Dieter Weber vorzufinden. Frau Kammerer verlässt sich zwar bei der Analyse der Situation auf ihre eigenen Gedanken, arbeitet jedoch nach einem professionellen Prozess.

- Sie setzt viel Zeit und Energie ein (zwei Reflexionsphasen: 1. im Coaching mit dem Personalleiter, 2. bei der Reflexion der Teamphasen), um die Lage zu verstehen. Dabei akzeptiert sie ohne Widerstand ein für sie unbequemes Ergebnis: es lief mehr falsch als sie dachte. Sie nimmt das Problem an, stellt ihre Ambitionen und Eitelkeiten zurück. Sie zeigt mit ihrem professionellen Verhalten, dass sie zu Recht Führungskraft ist.

- Isabell Kammerer holt während ihrer Reflexionsphase kein Feedback von ihrem Team ein, sondern beginnt das Gespräch mit der Gruppe erst im Workshop. Das Vorgehen ist gut geeignet, wenn man das Team nicht mit einem Werkstattbericht nerven will. Anderenfalls erhöht das den Druck im Workshop. Die Gruppendynamik kann sich unvermittelt auswirken und die Gefahr von Konflikten erhöht sich. Dieses Risiko wurde von Frau Kammerer unterschätzt. Ich empfehle stattdessen vorgelagerte Diskussion mit dem Team oder eine schriftliche Erwartungsabfrage. Das erleichtert die Vorbereitung aller: dem Team, der Moderatorin und auch für die Führungskraft bringen diese Informationen Vorteile.

- Der Workshop bietet mit drei Tagen ungewöhnlich viel Raum für die Diagnose und die Behandlung der Störungen. Nicht jedes Unternehmen kann ein solches Budget (kurzfristig) einsetzen. Es handelt sich um einen Glücksfall. Es zeigt sich im Verlauf des Praxisfalls, dass die Gruppe durch die räumliche Verteilung auf drei Standorte wirklich mehr Zeit braucht, um das Problem in der Zusammenarbeit greifen zu können. Dieser Aufwand ist somit gerechtfertigt.

- Gut gelungen sind die Ankündigung des Workshops und die Auswahl des Tagungsortes. Alle Mitarbeiter im Team gehen symbolisch über eine Brücke und treffen sich in der geografischen Mitte. Das sorgt für eine erste Sensibilisierung der Teilnehmer in Bezug auf die Zielrichtung der Veranstaltung.

- Das Programm des Workshops ist sinnvoll aufgebaut. Die Arbeitsweise bei den einzelnen Aufgaben ist flexibel und teilnehmerorientiert angelegt – und damit auch bei erfahrenen Mitarbeitern erfolgreich. Die Moderation sorgt für klare Ziel- und Zeitvorgaben. Fachfragen und Beziehungsaspekte stehen in einem guten Verhältnis. Niemand wird mit „zu viel Emotionen" überfordert, weil man bewusst die Defizite der Abteilung erst einmal ausblendet. Insgesamt ist die konsequente Konzentration auf die Ressourcen der Abteilung das Erfolgsrezept für das Vorhaben. Die Gruppe kooperiert in den Übungen nach ersten Anfangsschwierigkeiten immer besser, sodass man keine massiven Konflikte zwischen den Mitarbeitern unterstellen muss. Damit ist das Konzept gerechtfertigt.

- Isabell Kammerer nutzt die Ergebnisse des Workshops konsequent. Sie erkennt das Kernproblem im Team und setzt ein nachfolgendes Training zur Medienkompetenz an. Sie ist bereit, ihr Verhalten zu verändern (mehr Dienstreisen), erwartet jedoch ebenfalls eine Verhaltensveränderung von den Mitarbeitern. Das scheint zu funktionieren, wenn auch die Dienstreisen der Mitarbeiter aus Budgetgründen begrenzt bleiben müssen. Die halbjährlichen Abteilungsawards und der Event mit der Preisverleihung stärken einerseits das Qualitätsbewusstsein und anderseits den kollegialen Kontakt im Team. Isabell Kammerer folgt mit der Maßnahme intelligent dem Motto „Kontakt schafft Vertrauen und steigert die gegenseitige fachliche Akzeptanz".

**Fazit**
- Frau Kammerer genießt die volle Anerkennung ihrer Führungskraft, was ihr einen großen Aktionsradius und hohe Freiheitsgrade in Bezug auf die gewählten Führungsinstrumente verschafft.

- Isabell Kammerer hat trotzdem die Auswirkungen der virtuellen Zusammenarbeit unterschätzt. Die von ihr unterstellte Medienkompetenz im Team war zwar vorhanden, jedoch wurde die gängige Praxis nicht bei allen Mitarbeitern so gut angenommen wie von Frau Kammerer unterstellt.[10]

- In der Zusammenarbeit auf Distanz wirkt sich das schneller und massiver aus als in einem vergleichbaren Präsenzteam. Als Führungskraft ist man deshalb gefordert, Warnsignale zu erkennen und frühzeitig einzugreifen. Dies hat Isabell Kammerer beherzigt. Leider hat sie nicht erkannt, dass die Abteilung trotz langjähriger Zusammenarbeit unter dem Aspekt „Teamwork" noch in den Kinderschuhen steckte und entsprechend agierte. Sie intervenierte als die Störungen auftraten und versuchte das Team in Richtung einer Lösung zu steuern. Da sie den Status quo in Bezug auf den Reifegrad der Zusammenarbeit falsch einschätzte, wählte sie jedoch nicht die richtigen Instrumente aus. Als Konsequenz erzielte sie keine Verbesserung der Situation. Erst eine Eskalation macht sie auf ihre Fehleinschätzung aufmerksam.
- Frau Kammerer bereinigt die Situation mit klassischen Führungsinstrumenten, verbindet sie jedoch mit innovativer Technik für den Alltag des semi-virtuellen Teams. Wichtig ist ihr die Schulung zur Medienkompetenz. Sie entscheidet sich für ein Präsenzformat.

**Was nehmen Sie mit?**
Sie haben den Praxisfall von Isabelle Kammerer aus verschiedenen Perspektiven reflektiert. Bitte fassen Sie nun Ihre stärksten Eindrücke zusammen, um so Ihre Gedanken und Lernfortschritte zu dokumentieren. Das Arbeitsblatt hilft Ihnen dabei, in der Chronologie des Praxiskapitels vorzugehen:

**Erster Schritt: An den Start**
1. Lage erkennen: Selbstreflexion 1

   .................................................................................................

2. Lage erkennen: Selbstreflexion 2

   .................................................................................................

   **Zweiter Schritt: Checkpoint/Kontrollpunkt**

   1. .............................................................................................

   2. .............................................................................................

   3. .............................................................................................

---

[10]Reichwald, R./Möslein, K. [14]; Reichwald, R./Möslein, K./Sachenbacher, H./Englberger, H./Oldenburg, S. [15].

**Dritter Schritt: Praxisgerechte Maßnahmen ableiten**

1. Medienkompetenz in Verbindung mit der fachlichen Kompetenz der Mitarbeiter erkennen

   ...............................................................................................

   ...............................................................................................

2. Bedarfe der Mitarbeiter in Bezug auf die Mediennutzung im Team erkennen und Vorgehen vereinbaren

   ...............................................................................................

   ...............................................................................................

## 2.3   Zusammenarbeit zwischen verschiedenen Abteilungen

### 2.3.1   Praxisfall

**Praxisfall**

Der Konzern „Netzwerk" bietet seinen Kunden verschiedene hochwertige Lösungen aus einer Hand. Dazu gehört es auch, Fertigungsanlagen für Industriebetriebe zu fertigen und instand zu setzen. Aktuell entsteht eine Fabrik in der Nähe von Atlanta, USA, für den Kunden „Technik". Diese Abteilungen arbeiten mit: Vertrieb, Produktion, Service und der Finanzbereich. Zwischen Netzwerk und seinem Kunden wurde die gemeinsame Bewerbung des Projekts in der Presse angekündigt, sodass auch die Marketingabteilung eingebunden ist. Die Abteilungen von Netzwerk und deren Experten sind auf verschiedene Standorte in Deutschland verteilt. Die Kunden haben einen engen Zeitplan. Hohe Konventionalstrafen werden fällig, wenn es zu Verzögerungen kommt. Netzwerk ist so aufgebaut, dass Projekte dieser Art effizient abgearbeitet werden. Das Unternehmen betreibt dieses Geschäft seit Jahrzehnten als Marktführer. Die interne Kooperation zwischen den Abteilungen funktioniert diesmal allerdings auffallend schlecht. Der Projektleiter Peter Dressler steht kurz davor, seine Zuversicht zu verlieren. Um die Übersicht zu behalten und den Erfolg sicher zu stellen, bittet er die Projektmitglieder häufig aufwendige Reportings zu erstellen.

„Lasst uns bitte an den Kunden denken und unsere Schwierigkeiten ausblenden!", appellierte Peter Dressler zum wiederholten Mal in der Telefonkonferenz mit den Abteilungsleitern aus Konstruktion, Produktion, Service, Finanzen und Marketing. Die Antwort war zuerst Stille in der Leitung. Dann folgte das zögerliche Versprechen aller, die Zusammenarbeit zwischen den Abteilungen zu unterstützen.

Peter Dressler verstand die Welt nicht mehr. Er war ein hoch qualifizierter Ingenieur, der als „Gesicht zum Kunden" die Zusammenarbeit der unterschiedlichen Abteilungen steuerte. In dieser Konstellation hatte er schon viele Projekte erfolgreich abgeschlossen. Diesmal war das Team aus den beteiligten Führungskräften jedoch in neuer Besetzung an den Start gegangen. Die meisten Kollegen kannten sich bisher nur vom Sehen, nur der Produktions- und der Serviceleiter arbeiteten schon lange zusammen.

Die Kommunikation erfolgte – wie immer im Unternehmen – überwiegend per E-Mail und Telefon. Hier war es schon mehrfach zu Missverständnissen gekommen. Feedback blieb aus, Texte oder Protokolle wurden falsch interpretiert oder die Absprachen eines Telefonats unterschiedlich erinnert. Das hatte Peter Dressler nicht so ernst genommen: „Kann ja mal passieren, dass man eine E-Mail übersieht oder etwas falsch versteht. Ein Dauerzustand darf das aber nicht werden. Ich muss diese Persönlichkeiten besser in den Griff kriegen".

Peter Dressler dachte über die Störungen in der Zusammenarbeit nach: an die virtuelle Arbeitsweise sollten erfahrene Führungskräfte von Netzwerk gewöhnt sein. Sie waren schon Jahre im Unternehmen. Natürlich leitete jeder der Manager seine Mitarbeiter nach den eigenen Vorstellungen an. Die verschiedenen Mentalitäten zwischen den Abteilungen waren im Unternehmen bekannt. Die menschlichen Gemeinsamkeiten, beispielsweise zwischen einem Finanzexperten und Mitarbeitern in Service oder Produktion, müssen in der Zusammenarbeit erst geschaffen werden. Diese Punkte waren für alle im Projektteam „das tägliche Brot" und keine Neuigkeit.

Die Projekttreffen der Führungskräfte verlaufen trotzdem chaotisch. Termine und Meilensteine werden nicht ernst genommen, Absprachen zu Zuarbeiten nicht pünktlich erfüllt und die Aufgabenverteilung zwischen den Fachbereichen gibt immer wieder Anlass zu Kontroversen. Vertrauen war Mangelware im Team. Peter Dressler fühlte sich nie wirklich gut informiert über die Abläufe im Projekt.

Im letzten Meeting kam es zu einem lautstarken Streit zwischen den Managern. Der Konstruktionsleiter beschimpfte ohne konkreten Anlass die Kollegen von Produktion und Service, sie würden ihn bei seiner Arbeit behindern. Er sei es leid, dass man ihm ständig Knüppel zwischen die Beine werfen würde. Natürlich ließen die angesprochenen Herren diese Anschuldigung nicht auf sich sitzen. „Was heißt denn hier Knüppel? Leiten Sie erst mal ihre Mannschaft vernünftig!", schrie der Serviceleiter. „Meine Anlageteile funktionieren immer!", bellte der Produktionsleiter dazwischen. Der Chef der Konstruktion übertönte alles: „Wenn Sie meine Pläne nicht lesen können, dann gehen Sie zurück an die Uni. Oder am besten gleich dahin, wo der Pfeffer wächst!". Die Marketingleiterin schwieg seufzend. Der Finanzleiter versuchte mit belehrenden Bemerkungen à la „sprechen wir bitte über die Sache wie erwachsene Menschen" die Moderation zu übernehmen. Das misslang gründlich. Plötzlich wendeten sich alle mit Anklagen zum engen Budget auf den Lippen gegen den Sprecher. So fing dieser seinerseits an, Beschwerden über den ruppigen Umgangston zu formulieren.

Peter Dressler hatte Mühe, im Meeting wieder für Ruhe zu sorgen. Er war mit Revier-
kämpfen auf den Baustellen vertraut. Unter Zeit- und Leistungsdruck verwandelten sich
dort auch Gemütsmenschen in hitzige Streithähne. In der gediegenen Atmosphäre der
Unternehmenszentrale, gekleidet in feines Tuch, kam es jedoch selten zu temperament-
vollen Aussprachen zwischen Top-Managern. Er stand vor einem Rätsel. Einen konkreten Grund gab es aus seiner Sicht nicht, wenn auch die Zusammenarbeit „überhaupt
nicht rund" lief, wie es der Finanzleiter treffend formulierte. Die Kollegen akzeptierten
Herrn Dressler in seiner Rolle als Schnittstelle zum Kunden und verantwortlichen Koordinator für das Team. Seine umfassenden Abfragen zum Arbeitsstatus waren jedoch nicht
beliebt. Peter Dressler fand, „das Leben ist kein Wunschkonzert." Sollte Peter Dressler
sein Vorgehen überdenken?

=> **Aufgabenstellung und Problemanalyse**
„Netzwerk" ist erfahren in der Kooperation rund um komplexen Anlagenbau.
Diese Projekte werden immer von mehreren Abteilungen im Unternehmen bearbeitet. Die Kommunikation erfolgt auf allen Hierarchieebenen häufig virtuell. Das
aktuelle Projektteam kannte sich bis zum Projektbeginn nur vom Sehen. Gemeinsame Arbeitserfahrungen bestehen nur zwischen den Leitern von Produktion und
Service. Es zeigt sich schnell, dass die Kooperation gestört ist und sich die Aufgabenerledigung deshalb verzögert. Der Projektleiter Peter Dressler versteht nicht,
welches Problem vorliegt: ist der Projektaufbau falsch oder liegen unüberwind-
bare Antipathien zwischen den Managern vor – oder beides? War sein Führungsstil ungeeignet – und warum? Erst, wenn zu diesen Fragen mehr Klarheit herrscht,
kann er die passenden Instrumente auswählen und einsetzen.

**Systematik: Licht ins Dunkel**
1. Schritt: Diagnose stellen
2. Schritt: Checkpoint
3. Schritt: Praxisgerechte Maßnahmen ableiten
4. Schritt: Im Rückspiegel – wie ging der Praxisfall weiter?
5. Schritt: Highlights and Lowlights im Praxisfall „Zusammenarbeit mit Kollegen
   verschiedener Abteilungen"

**Ihr Lernvorteil:** Mit dieser Systematik „Diagnose stellen" fällt es Ihnen leichter, die
konkreten Herausforderungen im Fall zu erkennen. Es werden Analysemethoden vorgestellt. Anschließend begleiten Sie beim Lesen die Führungskraft schrittweise in Richtung
Lösung. Die vorgestellten Strategien und Tools werden im Praxiskontext besprochen.
Am Ende stehen Möglichkeiten zur Erfolgseinschätzung.

**1. Schritt: Diagnose stellen**
**a) Personen betrachten**

Peter Dressler fing damit an, seine Fühler auszustrecken und inoffizielle Informationen zu sammeln. Er bat seine Bekannten im Unternehmen um Feedback zu seinen aktuellen Teamkollegen. Durch seine Vertriebserfahrung war ihm klar, dass Menschen und ihre Anliegen immer zuerst betrachtet werden müssen. Erst nach Klärung der Beziehungsaspekte ist es erst sinnvoll, die Sachebene zu besprechen. Die Rückmeldungen brachten keine sensationellen Informationen. Es klang alles normal. Herr Dressler schrieb trotzdem auf einem Flipchart die Stichworte zusammen, die er über den „Flurfunk" aufschnappte. Zu seiner eigenen Kompetenzbeschreibung bat er seine Sekretärin um Feedback, die ihm grinsend einige Stichwörter zurief:

**Werner Schneider: Leiter Produktion**
- Guter Motivator mit viel Erfahrung
- Weltweit in Fabriken und auf Baustellen tätig
- Ingenieur mit pragmatischem Ansatz
- Gilt als kollegial und korrekt

**Wilfried Huber: Leiter Service/Montage**
- Guter Koordinator und anerkannte Führungskraft
- Weltweit auf Baustellen tätig
- Ingenieur, sehr flexibel
- Meist gut gelaunt und beliebt im Unternehmen. Alle nennen ihn „den Huber-Willi"

**Peter Müller: Leiter Konstruktion**
- Präziser Kopfmensch
- Guter Analytiker, der selten auf die Baustelle geht
- Ingenieur mit Hang zur Perfektion
- Introvertiert und eher distanziert

**André Schrader: Leiter Finanzen**
- Perfekter Finanzexperte, Spitzname im Unternehmen: „der Zahlenschubser"
- Wenig Bezug zur Technik und der Leistungskraft der Anlagen
- Betriebswirt
- Immer betont höflich, aber nicht herzlich

**Melanie Maier: Leitung Marketing und Pressesprecherin**
- Hohe Sympathie- und Akzeptanzwerte in allen Divisionen
- Gut mit den Arbeitsaufgaben von Netzwerk vertraut
- Kommunikationsexpertin
- Kollegial und unkompliziert in der Zusammenarbeit

**Peter Dressler: Projektleitung und Vertriebsleiter**
- Guter Koordinator mit großer Führungserfahrung aber starkem Kontrollwunsch
- Ingenieur
- Weltweit im Kundenkontakt tätig
- Kennt die Herausforderungen der Praxis auf den Baustellen

**b) Strukturen reflektieren**

Als Peter Dressler seine Aufzeichnung betrachtete, wurde ihm klar: es saßen nicht nur verschiedene Fachbereiche am Projekttisch. Die einzelnen Persönlichkeiten waren zudem denkbar gegensätzlich. Die erfolgreiche Kommunikation in der Projektgruppe kam nicht in Gang, denn sie hatten noch keine gemeinsame Ebene gefunden. Weder in den Gesprächen am runden Tisch noch beim Informationsaustausch auf Distanz via virtueller Medien, funktionierte die Kommunikation. Herr Dressler sah den Auftragsablauf gefährdet, wenn die Stimmung sich nicht verbesserte. Da alle Beteiligten für mehrere Projekte verantwortlich waren, blieb wenig Zeit für persönliche Absprachen. Durch die vielen Dienstreisen aller Projektmitarbeiter ins In- und Ausland war die Kommunikation auf Distanz ein wichtiger Kanal. Welche Medien konnte er einsetzen, um den Teamgeist zu stärken und den Informationsfluss zu verbessern?

Peter Dressler wandte sich an eine Kommunikationsexpertin, Angelika Horner, mit der er bereits in seiner Abteilung die Informations- und Kommunikationsprozesse verbessert hatte. Frau Horner riet ihm dazu, zuerst über die bestehenden Beziehungen im Projektteam nachzudenken. Peter Dresslers Einwurf, dass man sich kaum gut genug kenne, um überhaupt eine Arbeitsbeziehung haben zu können, widersprach sie nachdrücklich.

Aus der Sicht von Frau Horner hatte sich in der Gruppe bereits ein Konflikt manifestiert. Sie riet Peter Dressler dazu, seinen „Zweckoptimismus" abzulegen und sich ohne Vorbehalte mit der Situation zu befassen. Das überzeugte ihn, denn Herr Dressler musste zugeben: Auch er hatte sich zu jedem Mitglied des Teams schon eine Meinung gebildet. „So werden das auch die anderen Teammitglieder gemacht haben", räumte er ein. Es spielte keine Rolle, ob diese Haltung fundiert war oder auf der Grundlage flüchtiger Eindrücke entstand. Die Einstellung der Personen zu einander war entscheidend für das Arbeitsklima. Er griff den Hinweis von Frau Horner auf und machte sich Gedanken über die Beziehungsebene in der Projektgruppe.

**c) Soziogramm als Unterstützung für die Reflexion**

Peter Dresslers Ziel war es, sich mit der Gruppendynamik zu befassen. Er wollte nicht auf hierarchische Aspekte oder Grundsätze der Unternehmensstruktur eingehen, sondern die emotionale Nähe beziehungsweise die Distanz zwischen den Menschen beschreiben. Dazu wählte er das Instrument „Soziogramm", das die Beziehungen in einer Gruppe als Grafik abbildete[11]. Er verzichtet auf die üblichen Pfeile zwischen den Personendarstellungen, sondern drückt die Verbindung zwischen den Kollegen durch

---

[11]Gabler Wirtschaftslexikon, Springer Gabler [17].

die Anordnung in der Grafik und die Farbgebung aus. Sehen Sie in Abb. 2.14, wie Herr Dressler die Situation in der Projektgruppe darstellt:

Peter Dressler schätzt Soziogramme, weil das Instrument ein Team als System interpretiert. Alle Mitglieder beeinflussten einander und sind gemeinsam für den Status der Zusammenarbeit und die Qualität der Arbeitsabläufe verantwortlich. Die Visualisierung und die Reflexionen im Hintergrund hatten Peter Dressler schon mehrfach dabei unterstützt, die Kooperationsleistung von Teams zu steigern. Lesen Sie die nächsten Reflexionsschritte von Peter Dressler:

**Das Machtzentrum des Projektteams**
Die Leiter von Produktion (Werner Schneider) und Service (Wilfried Huber) stehen im guten Einvernehmen miteinander. Sie unterstützten sich gegenseitig in der Argumentation und reagierten meist im Duo auf Gegenstimmen. Werner Schneider war der inoffizielle Gruppenführer, Herr Huber stand an zweiter Stelle. Werner Schneider schien es normal zu finden, dass er das Wort führte und sich am Ende seiner Ausführungen alle seinen Argumenten anschlossen. Wilfried Huber stimmte den Vorschlägen des Produktionsleiters meistens zu. Er zeigte sich gegenüber dem Team und auch gegenüber Peter Dressler auffallend distanziert. Peter Dressler bezeichnete die beiden mit dem Etikett „gegenseitige Wahl", um deren enge Beziehung zu beschreiben.

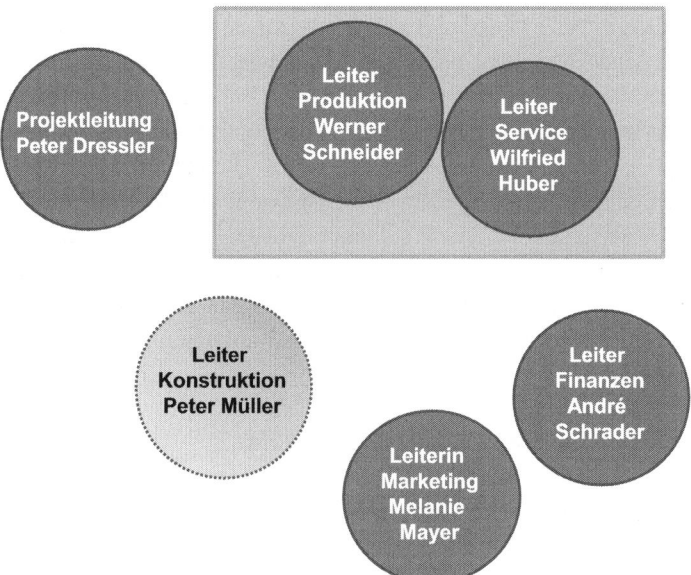

**Abb. 2.14** Beziehungsaspekte in der Projektgruppe

**Ein abgelehntes Mitglied in der Projektgruppe**
Der Leiter der Konstruktion (Herr Müller) zeigte sich nicht kooperativ gegenüber den beiden Herren im Machtzentrum. Über die Gründe konnte Peter Dressler nur spekulieren: Vielleicht war Herr Müller gereizt, weil die inoffizielle „Herrschaft" in der Gruppe von Herrn Schneider und Huber seinen Aktionsradius einschränkte. Aus der Sicht von Peter Dressler stand Herr Müller an der dritten Stelle der Hackordnung, obwohl nach den offiziellen Standards alle Führungskräfte im Rang gleich wichtig waren. Herr Schneider und Herr Huber unterbrachen Herrn Müller häufig oder bezweifelten seine Aussagen zuweilen als „zu theoretisch". Die Stimmung war nicht immer gespannt, jedoch alles andere als wertschätzend. Nach dem Zwischenfall im letzten Projekttreffen ging Peter Dressler davon aus, dass es nun zwischen den drei Herren zwei Lager gab. Der Beitrag von Peter Müller war wichtig für das Gelingen des Projekts. Es war dem Projektleiter wichtig, dass dieser sich in seiner Mitarbeit nicht aus Frustration über die schlechte Arbeitsatmosphäre auf „Dienst nach Vorschrift" beschränkte. Peter Dressler vergab das Merkmal „gegenseitige Ablehnung" bzw. Ablehnung von Herrn Müller durch Herrn Schneider und Herrn Huber (mit entsprechender Reaktion von Herrn Müller). Herr Müller unterhielt merklich bessere Beziehungen zu Melanie Mayer. Sein Verhalten gegenüber Herrn Schrader war distanziert.

**Zwei Randpersonen**
- Der Leiter Finanzen (André Schrader) wurde von den Leitern Konstruktion, Produktion und Service kühl behandelt. Sie fanden Herrn Schrader arrogant. Die Berichte oder Vorschläge von Herrn Schrader wurden von den männlichen Mitgliedern der Gruppe oft absichtlich überhört. Dies entsprach nicht seiner Rolle, denn sein Ressort war wichtig für das gute Gelingen des Auftrags. Herr Schrader hatte den Mangel an Respekt natürlich bemerkt. Es war ihm bisher nicht gelungen, ein positives Verhältnis zu den Kollegen aufzubauen. Herr Dressler fand allerdings, dass sich Herr Schrader nicht um ein besseres Verhältnis bemühte, sondern sich wie eine echte Diva gekränkt zeigte. Budget-Informationen erfolgten mit immer größerer Verzögerung, was Peter Dressler störte. Nur mit Frau Mayer sprach Herr Schrader aus eigenem Antrieb. Die Beziehung zwischen Herrn Schrader und Herr Dressler waren nüchtern aber professionell von beiden Seiten.
- Die Marketingleiterin Melanie Mayer wurde von den männlichen Kollegen fachlich anerkannt, trotzdem stand sie etwas im Abseits. Es schien so, als würden die „harten Jungs" ihren Beitrag für das Projekt nicht als gleichwertig betrachten. Vielleicht lag es daran, dass Frau Mayer kein permanentes Mitglied im Team ist, sondern aufgabenbezogen eingebunden wurde. Das Zusammenspiel rund um die Pressearbeit war schleppend und unvollständig. Frau Mayer musste ihre Anfragen an die Manager mehrfach stellen. Die erhaltenen Antworten waren unvollständig und mussten nachgebessert werden. Darüber war sie merklich verärgert, kritisierte jedoch niemanden direkt. Sie hatte den Kollegen das Anliegen freundlich und geduldig im Meeting mehrfach vorgetragen – ohne

Reaktion im Gespräch oder Konsequenzen in Bezug auf deren Arbeitsweise. Melanie Mayer war – wie André Schrader – eine Randperson in der Projektgruppe. Die Folgen waren Zielkonflikte für das Projekt: Peter Dressler wünschte sich eine bessere Sichtbarkeit seines Projekts in der Presse. Die Kollegen sorgten jedoch durch die mangelhafte Zuarbeit nicht für gute Voraussetzungen. Zudem befürchtete der Projektleiter, dass die Motivation von André Schrader und Melanie Mayer unter diesen Umständen bald sinken würde. Das wollte er verhindern, denn natürlich war auch der Beitrag der beiden ausgewiesenen Experten wichtig für das Gelingen des Auftrags.

**Die offizielle Projektleitung**
Zum Schluss schätzte Peter Dressler die eigene Rolle im Beziehungsgeflecht der Projektgruppe ein. Seine Kontakte mit allen Personen waren neutral: ohne Konflikte aber auch ohne Herzlichkeit. Die Kollegen beantworteten seine E-Mails oder seine Anrufe und kamen seinen Anweisungen nach. Dies erfolgte allerdings nicht „unverzüglich", sondern häufig mit Verzögerungen. Es konnte nicht von einem gegenseitigen Austausch die Rede sein, denn die Informationen flossen nicht in beide Richtungen (immer von Herrn Dressler zum Team, nicht zurück). Wenn er etwas zum Status des Projekts erfahren wollte, musste Peter Dressler nachfragen und Geduld für die Wartezeit zur Beantwortung mitbringen.

Er vermutete aufgrund seiner Berufserfahrung, dass er nicht vollständig über alle Höhen und Tiefen des Auftrags informiert wurde. Berichte über Schwierigkeiten fehlten, alle Reportings wirkten „geglättet" und stützten sich auf Erfolgsmeldungen. Peter Dressler dachte bei sich: „Meine Rolle wäre überflüssig, wenn komplexe Anlagen so einfach aufgestellt und betrieben werden könnten. Da fehlen wohl einige Aspekte." Sein Misstrauen war geweckt und so verlangte er schrittweise immer mehr Auskünfte in Form von Projektdokumentationen. Die Kollegen zeigten sich nicht begeistert von diesen Initiativen, lehnten sich aber auch nicht offen dagegen auf. Hinzu kam, dass die bilaterale Kommunikation zwischen allen Kollegen noch nicht ausreichend funktionierte. Herr Dressler musste zugeben, dass sein Führungsstil auf diese Herausforderung bisher keine wirkungsvollen Antworten geliefert hatte. Er hatte die Herren Schneider und Huber gewähren lassen, weil sie sich ihm gegenüber halbwegs kooperativ zeigten. Das war nachlässig gewesen, weil alle anderen Personen in der Projektgruppe mit der inoffiziellen Hierarchie nicht zufrieden waren, sich schlecht behandelt fühlten und deshalb die Aufgabenerfüllung nicht reibungslos verliefen.

Sehen Sie in Abb. 2.15 als Vergleich das offizielle Organisationschart der Projektgruppe. Hier sind alle Mitglieder hierarchisch auf der gleichen Ebene. Nur der Projektleiter hat eine übergeordnete Funktion. Aufgrund dieser Darstellung lassen sich die Schwierigkeiten im Projekt nicht erklären, bei denen Macht- und Revierkämpfe eine große Rolle spielen. Die Gruppendynamik musste analysiert und behandelt werden.

**d) Fazit**
- Peter Dressler merkte, wie sinnvoll der Rat von Frau Horner gewesen war. Es bestand eine nachweisbare Gruppendynamik in der Projektgruppe, die sich in deutlichen (verbalen wie nonverbalen) Statements zum Beziehungsstatus ausdrückte.

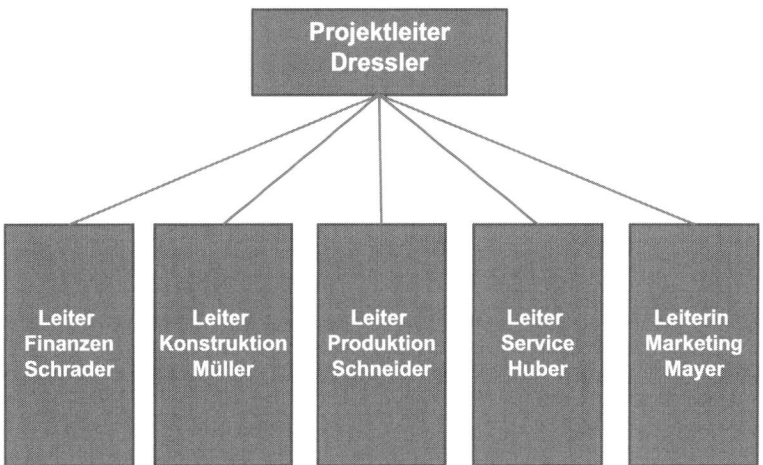

**Abb. 2.15**   Abteilungsleiter auf einer Hierarchiestufe im Organigramm

- Die Gruppendynamik wich deutlich vom Organigramm ab. Die konfliktträchtigen
  sozialen Beziehungen sorgten für Spannungen in der Projektgruppe, die die gute Aufgabenerfüllung behinderten. Es war höchste Zeit, zu reagieren.

Herr Dressler fiel auf, dass er – bis zum Einsatz des Soziogramms – ein vereinfachtes
Bild von der Zusammenarbeit hatte. Um die richtigen Führungswerkzeuge für das virtuelle Projektteam auszuwählen, stellte er seine anfänglichen Eindrücke und die aktuellen Reflexionsergebnisse gegenüber. Er wollte so seinen Blick für die Situation noch mal
schärfen (siehe Tab. 2.3):

Peter Dressler sah nun klarer, welche Probleme er lösen musste. Aus seiner Sicht
hatte er zwei Brennpunkte in der Projektgruppe, die er gemeinsam mit Frau Horner präzise formulierte. Anschließend leitete er Aufgaben für sich ab:

---

**Zusammenfassung**

**Brennpunkt 1:**

- Verbrüderung von zwei Führungskräften, die – zum eigenen Vorteil – eine inoffizielle Hierarchie in der Gruppe etabliert hatten
- Die anderen Kollegen scheinen sich mit der Situation nicht wohl zu fühlen. So ist
  ein schlechtes Arbeitsklima in der gesamten Projektgruppe entstanden. Dies zeigt
  sich durch die gestörte Kommunikation

**Aufgabe 1:**

- Die Beziehungsebene in der Projektgruppe verbessern
- Zielführende und wertschätzende Kommunikation etablieren. Motivation der Kolleginnen und Kollegen prüfen und – wo nötig – stärken

**Tab. 2.3**  Reflexion mit dem Soziogramm

| Anfängliches Verständnis von der Zusam-menarbeit entsprechend dem Organigramm | Nach der Reflexion mit dem Soziogramm |
|---|---|
| Es handelt sich um einen üblichen Auftrag mit vorhersehbarem Projektverlauf für „Netzwerk". Die Führungskräfte der Projektgruppe treffen sich alle auf Augenhöhe. Es gibt das gemeinsame Interesse, die Wünsche des Kunden zu erfüllen und die Vorgaben des eigenen Unternehmens dabei nicht aus den Augen zu verlieren | Es gibt kein gemeinsames Verständnis vom Projekt. Jeder der Beteiligten stellt andere Punkte in den Vordergrund, ohne sich auf die gemeinsamen Unter-nehmensziele orientieren zu wollen. In der Projektgruppe hat sich eine inoffizielle Hierarchie etabliert |
| Als Projektleiter steuere ich eng aber sinnvoll. Beziehungsaspekte in der Gruppe müssen nicht gesondert berücksichtigt werden. Die virtuelle Zusammenarbeit ist bekannt und geübte Praxis | Meine Projektsteuerung auf der Grundlage häufiger Reportings scheint nicht hilfreich: Die Arbeitsverzögerungen werden nicht behoben, sondern verstärken sich. Die Gruppe reagiert auf die Maßnahmen genervt. Die Kooperation zwischen allen Mitgliedern der Projektgruppe verschlechtert sich im Laufe der Zusammenarbeit immer mehr |
| Die Kommunikation ist noch in Ordnung, allerdings zeigen sich kontinuierlich Störungen | Die Kommunikation in der Projektgruppe ist nicht ausreichend. Ich habe kein Vertrauen in die Informationslage, weil mich nur Fakten erreichen, wenn ich nachfrage. Zudem fällt mir auf, dass ich fast nur positive Berichte erhalte. Das widerspricht meiner Berufserfahrung. Die bilaterale Kommunikation zwischen den meisten Projektmitgliedern ist gestört. Zwei Personen sind vom Informationsfluss nahezu ausgeschlossen (Herr Schrader und Frau Mayer). Andere Kollegen lehnen sich gegenseitig ab (Herr Schneider und Huber versus Herrn Müller). Die Zielorientierung und Aufgabenerfüllung leiden unter diesen Kommunikationsbarrieren, die im Rahmen der virtuellen Zusammenarbeit – mit den bestehenden Mitteln (E-Mails, Telefonate, Videokonferenzen, unregel-mäßige persönliche Treffen) – nicht beseitigt werden, sondern sich eher noch verstärken |

**Zusammenfassung**

**Brennpunkt 2:**

- Der Informationsfluss vertikal (zwischen allen Führungskräften) wie horizontal (gegenüber der Projektleitung) ist zu langsam
- Man informiert sich in der Gruppe nur auf Anfrage, nicht aus eigener Initiative mit dem Wunsch die anderen einzubinden. Die Qualität der ausgetauschten Fakten ist unvollständig, manchmal fehlerhaft oder erweckt diesen Eindruck

**Aufgabe 2:**

- Informationsfluss durch mehr gegenseitiges Vertrauen verbessern (Qualität und Tempo)

**e) Feedbackprozess beginnen**

Peter Dressler war erleichtert. Es war ihm gelungen, sein konfuses Bild zur Lage in der Projektgruppe in eine geordnete Situationsbeschreibung zu transformieren. Das Ergebnis erfüllt ihn allerdings nicht mit Frohsinn. Er war bisher der Meinung gewesen, er handle mit seiner Reflexion vorausschauend und eher präventiv. Aus dem Grund fühlte er sich nicht unter Zeitdruck, was die Maßnahmenfindung für die Projektgruppe anging. Das änderte sich auf der Grundlage der neuen Erkenntnisse. Er merkte: Aktionen mit Durchgriff sind dringend erforderlich.

Als Führungskraft mit langjähriger Erfahrung war ihm bewusst, dass er mit der Projektgruppe sprechen und deren Eindrücke zur Zusammenarbeit abholen musste. Leider war die Mehrzahl der Kollegen auf Geschäftsreisen, sodass Peter Dressler kurzfristig kein persönliches Treffen organisieren konnte.

Peter Dressler verlor trotzdem keine Zeit. Er rief am nächsten Tag alle im Team an und besprach die Qualität der Zusammenarbeit. Dabei schilderte er seine Meinung und zeigte sich hoffnungsvoll, was die nächsten Schritte angeht. Er lud mit Nachdruck dazu ein, alle Sichtweisen abzuholen und gemeinsam zu besprechen.

Um schnell die wichtigen Informationen zu sammeln, kündigte Herr Dressler Feedback-Gespräche mit drei Fragen von circa zwanzig Minuten an. Je nach den Möglichkeiten der Gesprächsteilnehmer   nicht auf jeder Dienstreise konnten die Führungskräfte auf die komplette Technik des Unternehmens zugreifen – fand das Feedback als Videokonferenz statt, ansonsten als Telefonat.

Eine externe Mitarbeiterin der Personalabteilung stand zur Verfügung, um diese Feedback-Gespräche zu führen. So konnten alle ihre Gedanken ohne Scheu in Worte fassen, hoffte Peter Dressler. Die Reaktionen der Projektmitarbeiter auf diesen Schritt waren unterschiedlich. Dieses Feedback erhielt Peter Dressler:

- „Ok, wenn Sie meinen, dass wir für so etwas Zeit haben. Immerhin dauert es nicht lange, wenn wir es bitte wirklich bei zwanzig Minuten belassen könnten" (Werner Schneider, Produktion)

- „Naja, so ganz rund läuft es nicht. Das stimmt schon. Selbstverständlich stehe ich für ein Gespräch zur Verfügung" (Wilfried Huber, Service)
- „Gut, dass Sie etwas unternehmen. So kann das nicht weiter gehen" (André Schrader, Finanzen und Peter Müller, Konstruktion)
- „Ich bin froh über Ihre Initiative, denn ich habe mir Sorgen um die Zielerreichung im Projekt gemacht" (Melanie Mayer, Marketing)

Nicht zuletzt die Unterschiedlichkeit der Reaktionen bestätigte Peter Dressler darin, dass die Projektgruppe noch nicht an einem Strang zog. Erneut zeigten sich die Fraktionen in der Gruppe, in der Art wie sie bereits durch das Soziogramm ermittelt wurden. Nur die unerwartet positive Reaktion von Wilfried Huber wich von seinen Erwartungen ab.

Es kam Neugierde bei Peter Dressler hoch: er freut sich darauf, die Feedback-Auswertung zu erhalten. Er hoffe auf sinnvolle Anhaltspunkte. Das Minimalergebnis des Interviews – so viel war sicher – würde sein, dass alle Kollegen erkannten, dass er als Projektleiter den bisherigen Arbeitsstil nicht weiter tolerierte. Er wusste aus seiner Führungserfahrung, dass bereits diese Intervention als Signal verstanden wurde und bei „einsichtigen Streithähnen" manchmal Wunder wirkte.

Hier sehen Sie in Abb. 2.16 den Fragebogen zum Drei-Fragen-Feedback, der zum Einsatz kam:

Michaela Schäfer, eine Promovendin in der Personalabteilung, hatte schon einige Berufserfahrung gesammelt und war mittlerweile auch mit „Netzwerk" gut vertraut. Das erschien Peter Dressler als gute Startbedingung für den Feedback-Prozess. Man wollte

**Was gefällt Ihnen an der Zusammenarbeit im Projektteam?**
.................................................................
.................................................................
.................................................................

**Was möchten Sie gerne ändern?**
.................................................................
.................................................................
.................................................................

**Welchen Beitrag können Sie dazu leisten?**
.................................................................
.................................................................
.................................................................

**Abb. 2.16**  Drei-Fragen-Feedbackbogen

einen neutralen Gesprächspartner anbieten, der von den Führungskräften ernst genommen wird. Eine Beraterin, z. B. Frau Horner, einzubeziehen, kam nicht infrage. Dafür gab es im Augenblick kein verfügbares Budget.

Frau Schäfer gelingt es per E-Mail ohne großen Aufwand mit allen Beteiligten Termine in der folgenden Woche festzulegen. Mit Wilfried Huber vereinbarte Frau Schäfer eine Videokonferenz. Mit allen anderen Mitgliedern der Projektgruppe ein Telefonat. Michaela Schäfer legte Wert darauf, dass die Gespräche in dem ruhigen Umfeld eines Besprechungsraumes stattfanden und nicht „zwischen Türe und Angel" auf einer Baustelle oder einem Flughafen.

Um niemand zu verunsichern, verzichtete Frau Schäfer auf Tonbandmitschnitte. Sie traute sich bei der Kürze der Gespräche zu, die wesentlichen Botschaften im Gespräch zu notieren und dann anschließend nachzubereiten. Die Auswertung erfolgte – ganz wie Frau Schäfer dies im Studium gelernt hatte – nach der Methode der qualitativen Inhaltsanalyse.[12] Lesen Sie nachfolgend zuerst die Gesprächsnotizen von Frau Schäfer, dann die Zusammenfassung der wichtigsten Inhalte.

**Feedback von Werner Schneider, Produktion**
1. Die Anlage ist auf dem neusten technischen Stand. Wir bieten unserem Kunden damit etwas Außergewöhnliches. Die Teile in exzellenter Qualität zu produzieren, ist der wichtigste Moment im Projekt. Der Rest ist für mich Routine, da bin ich eher leidenschaftslos. Es fehlt mir die Zeit, mir darüber Gedanken zu machen, wie ich die Zusammenarbeit finde. Hauptsache wir werden rechtzeitig mit allem fertig.
2. Wenn Sie mich schon fragen: Mir erscheint die Zusammenarbeit zu kompliziert – und zu bürokratisch. Mit Peter Dressler habe ich vor diesem Projekt noch nicht zusammen gearbeitet. Seine Erfahrung mit Großanlagen fällt mir positiv auf. Trotzdem bitte ich um „das richtige Augenmaß", was seine Projektsteuerung angeht. Wir sind alle Profis, da muss die Arbeit ohne Kontrolle klappen. Die Meetings und Reportings bringen mir nichts für die Praxis auf der Baustelle. Ich kann nicht ständig alle langen E-Mails lesen, die man mir schickt. Natürlich ist mir klar, dass „Netzwerk" im Projektmanagement immer so arbeitet: mit Projektplan, Meilensteinen und Statusreports. Ich mache das auch alles mit. Sie werden trotzdem verstehen, wenn ich dazu meine private Meinung beibehalte.
3. Ich achte darauf, dass mein Bereich gut funktioniert. Ich kümmere mich um die Performance meiner Mitarbeiter. Das sollte reichen. Jeder muss sich um die eigenen Hausaufgaben kümmern, finde ich. Wenn das nicht erfolgt, bin ich genervt. Das gebe ich gerne zu.

---

[12]Gläser, J./Laudel, G. [5].

**Feedback von Wilfried Huber, Service**

1. Werner Schneider und ich sind schon lange Kollegen und gut aufeinander eingespielt. Da läuft vieles automatisch und muss nicht erklärt werden. Jetzt ist es wichtig, dass wir die Anlage ohne Verzögerungen in Betrieb nehmen. Alles andere interessiert den Kunden nicht. Die anderen Kollegen kenne ich noch nicht gut. Die Projektleitung durch Peter Dressler finde ich „recht ok". Er kennt die Anforderungen des Kunden – also die Bauabschnitte und technischen Freigaben – da kann er gut mitreden. Für die gute Zusammenarbeit im Team ist er eigentlich nicht verantwortlich. Wir sind keine jungen Leute mehr und tragen hohe Verantwortung im Unternehmen. Da muss uns niemand die Hand halten, würde ich sagen.

2. Die Absprachen mit Herrn Müller laufen nicht ohne Schwierigkeiten ab. Der anspruchsvolle Schriftverkehr mit seiner Abteilung ist nervig auf einer Baustelle. Warum rufen er und sein Team uns nicht einfach an, anstatt mehrseitige Schriftstücke zu tippen? Das kostet mich und meine Leute viel Zeit. Das muss besser funktionieren in der Zukunft. Anderenfalls bezahle ich unsere Überstunden fürs Lesen früher oder später von seinem Abteilungsbudget.

   Videokonferenzen passen auch zu uns, allerdings wollen meine Mitarbeiter ohne die Bildübertragung sprechen. Wir sehen auf der Baustelle nicht so gepflegt aus wie die Belegschaft der Zentrale. Das verstehen die Teams von Herrn Müller und Herrn Schrader nicht, denn immer wieder gibt es dazu Kritik. Es ist mir ohnehin ein Rätsel, warum Peter Müller sich bei jedem konstruktiven Kommentar sofort angegriffen fühlt. Und noch etwas: ständig wird von der Projektleitung ein Update zum Arbeitsstatus verlangt. Ich muss – mit etwas Humor beschrieben – manchmal abwägen: Soll ich die Anlage instand setzen oder die Reportings erledigen? Bitte übertreiben Sie das nicht.

3. Zuerst muss Herr Müller offener für Anregungen werden. Trotzdem bin ich bereit, unser Verhältnis noch mal zu besprechen. Mit den anderen im Team gibt es schließlich auch keine Schwierigkeiten, oder? Zu den Finanzen und dem Marketing gibt es keine Diskussionen, würde ich sagen. Vom Geschäft vor Ort haben diese Kollegen wenig Ahnung, da kann man sich tiefer gehende Gespräche sparen. Ich denke, das ist den beiden klar, deshalb verhalten sie sich so ruhig.

**Feedback von Peter Müller, Konstruktion**

1. Momentan gefällt mir die Zusammenarbeit nicht. Ständig muss ich Statusberichte an die Projektleitung schicken. Hat Herr Dressler das Gefühl, ich habe sonst keine Arbeit? Die Zusammenarbeit mit Produktion und Service kostet meine Abteilung viel Zeit. Es kommen vermeintliche Fehlermeldungen, dabei wurden die Pläne nur nicht mit Sorgfalt gelesen. Und die Pläne sind doch schließlich das Wichtigste – die Grundlage von allem! Bis wir merken, dass es sich „nur" um Nachlässigkeit handelt, haben meine Mitarbeiter bereits viel Zeit in die Fehlersuche investiert. Ich verstehe nicht, warum das in diesem Projekt so schlecht läuft. Wir bieten sogar an per Videokonferenz alles zu besprechen. Am Ende stellen die Kollegen von Produktion und Service

jedoch die Bildfunktion ab – das finden wir nervig. Wir buchen extra den Videokonfe-
renzraum, um dann doch nur zu telefonieren. Echt komisch, oder? Klar, der Kunde ist
sehr wichtig und die Anlage ist ein Prestige-Projekt. Trotzdem müssen wir die Nerven
behalten, sonst ist man in dem Geschäft fehl am Platz.

2. Wenn ich mir etwas für die weitere Zusammenarbeit wünschen darf: Etwas mehr Einsicht bei allen Beteiligten. Ich finde es gut, dass wir um Feedback gebeten werden.
So kann man die Probleme beheben. Das gefällt mir besser als die Projekttreffen, bei
denen es ständig zum Streit kommt.

3. Ich versuche offenes Feedback abzugeben. Mir ist klar: natürlich habe ich mich in der
Vergangenheit schnell aufgeregt. Das war keine Hilfe. Wir möchten alle die Anlage
im Zeit- und Budgetplan fertigstellen, deshalb sollten wir als Team agieren. Wie wir
das schaffen können, weiß ich nicht. Ich merke, dass Herr Dressler wertvolle Hinter-
grundarbeit für die Moderation leistet. Wenn es nach mir geht, kann er gerne noch
aktiver werden.

**Feedback von André Schrader, Finanzen**

1. Die Anlage ist ein großartiges Projekt, auf das wir stolz sein können. Wir erzielen
einen tollen Profit, wenn wir pünktlich fertig werden. Peter Dressler gelingt die
Abstimmung mit dem Kunden, sodass immer die wichtigen Daten vorliegen. Das ist
nicht leicht und er macht das durchgängig gut. Wir brauchen aber auch innerhalb der
Projektgruppe einen funktionierenden Austausch zu den aktuellen Anforderungen.
Für die Budgetfreigaben ist das unerlässlich. Ich verstehe nicht, warum die Kollegen
sich so verhalten als machten sie das zum ersten Mal. Auch zwischen unseren Mitarbeitern muss die Kommunikation besser laufen. Warum werden E-Mails nicht oder
erst spät beantwortet? Und überhaupt: Warum nutzen wir die Technik nicht besser? Es
kann nicht sein, dass die Service-Truppe immer die Bildübertragung beim Videochat
abstellt, oder? Ich verstehe wirklich nicht, was das soll.

2. Die Stimmung im Team ist schlecht: Streit und Querelen helfen uns nicht im Projekt.
Herr Dressler steuert uns in die richtige Richtung. Momentan reichen seine Initiativen
jedoch noch nicht aus, um für eine kooperative Stimmung in der Projektgruppe zu
sorgen. Mir gefällt die Idee mit dem Feedback-Gespräch. Ich mache gerne mit, um
meinen Beitrag zum guten Gelingen zu leisten.

3. Ich habe schon mehrfach versucht für Ruhe zu sorgen. Das war aber nicht gewünscht.
Seit ich das gemerkt habe, nehme ich mich zurück und höre überwiegend zu. Das
Gespräch mit Frau Mayer suche ich regelmäßig. Ich möchte nicht, dass sie uns davon
läuft. Die erfolgreiche Pressearbeit ist für das Projekt und für das ganze Unternehmen
ein großer Imagevorteil.

**Feedback von Melanie Mayer, Marketing**

1. Die Zusammenarbeit erlebe ich als anspruchsvoll. Ich möchte mich mit vollem Engagement für das Projekt einsetzen, mir fehlen jedoch ständig Informationen. Es wird
wohl jeder verstehen können, dass ein Hintergrundgespräch mit einem Chefredakteur

keinen Sinn macht, wenn mich die Kollegen nicht mit den aktuellen Projektdaten versorgen. Ich räume ein, dass ich verstimmt reagiere, wenn man ohne Rückmeldung den geplanten Baustellenbesuch für Journalisten nicht organisiert. Dieses Verhalten schadet unserem Außenauftritt und so unserem Image bei Kunden. Offensichtlich bin ich in der Runde eine „Kollegin zweiter Klasse". Das finde ich schade. Der scharfe Gesprächston entspricht häufig einer „Herrenrunde". Daran bin ich in der Projektarbeit gewöhnt, diesmal kommt es jedoch zu Streitigkeiten. Herr Dressler greift in den Situationen schnell ein. Trotzdem finde ich die Konflikte seltsam, weil wir offensichtlich nicht immer am gleichen Ziel arbeiten.

2. Mehr Wertschätzung für die Expertise und Daseinsberechtigung aller im Team, finde ich wichtig. Wir arbeiten am gleichen Ziel, das möchte ich in den Gesprächen und im Verhalten bitte wieder spüren dürfen.

3. Ich bleibe unaufgeregt wie bisher. Gerne erkläre ich nochmals, warum ich zu welchem Zeitpunkt welche Informationen benötige. Lassen Sie mich wissen, wie ich sonst helfen kann.

**Zusammenfassung und Interpretation von Michaela Schäfer**

- Das Projekt wird auf der Basis professioneller, wenn auch konventioneller, Methoden gesteuert. Das Vorgehen ist geeignet, um die komplexen Projekte im Unternehmen zum Erfolg zu führen. Die betriebliche Praxis zeigt dies.
- Peter Dressler wird in seiner Funktion als Projektleiter anerkannt. Das Projektteam ist zufrieden mit ihm, was die Kundenbetreuung angeht und die nachfolgende Information der Projektmitglieder zu den Kundenwünschen. Herrn Dresslers Statusabfragen findet das Team überflüssig. Die umfangreichen Berichte werden im Arbeitsalltag als Belastung wahrgenommen und als ein Ausdruck von Misstrauen interpretiert.
- Jeder Arbeitsbereich ist von seiner Bedeutung für den Gesamterfolg überzeugt. Die mögliche gemeinsame Vision vom Projekterfolg zitiert in den Feedback-Gesprächen niemand – oder es gibt diese Vision vielleicht noch nicht. Der Leiter der Produktion formuliert seinen Bereichsegoismus deutlich. Im Gegensatz zu den anderen Gesprächspartnern wirkt er nicht kooperativ im Feedback-Gespräch.
- Zum Mediengebrauch gibt es auch keine Einigkeit: Die einen nutzen E-Mails, die anderen bevorzugen Telefonate. Videokonferenzen werden abgehalten, dann aber nur der Ton genutzt. Es fehlt die sinnvolle Abstimmung zwischen allen Beteiligten.
- Alle Projektmitglieder kritisieren die schlechte Zusammenarbeit. Die Projektmeetings beschreibt das Projektteam als wenig zielführend, weil die Gesprächsatmosphäre gestört sei. Konkrete Verbesserungsvorschläge fehlen zu diesem Zeitpunkt. Herr Müller zeigt sich einsichtig, Frau Mayer betont ihre Gesprächsbereitschaft. Der Rest der Gruppe legt sich nicht fest.

Als Peter Dressler die Zusammenfassung mit Melanie Schäfer diskutierte, gingen ihm mehrere Lichter gleichzeitig auf. Offensichtlich gab es massive Probleme damit, welche

Kommunikationsmedien benutzt wurden. Die Instrumente E-Mails, Telefonate und Videokonferenzen (mit oder ohne Bild) standen in Konkurrenz zu einander. Die Führungskräfte und Teams nutzten sie nach den eigenen Vorlieben und ohne klare Verbindung zum Inhalt oder der Situation. Fast alle Nutzer zeigten sich mit diesem Punkt unzufrieden. Man musste dringend die Reibereien zum Medieneinsatz beenden und eine sinnvolle Einigung für alle erzielen.

Der Projektgruppe fehlte jedoch nicht nur bei der Kommunikation die „gemeinsame Storyline", sondern in Bezug auf das gesamte Projekt. Jede Führungskraft war mit dem eigenen Ressort beschäftigt. Die Anforderungen waren dabei so hoch, dass wenig Zeit und Kraft für Gedanken „über den Tellerrand hinaus" blieben. So kam es dazu, dass die Manager unbemerkt individuelle (also inoffizielle) Erfolgskriterien für das Projekt definierten – ohne eine gemeinsame Vision aufzubauen. In den seltenen Projekttreffen prallten die unterschiedlichen Wahrnehmungen beim kleinsten Anlass aufeinander und sorgten für unerwartete Missverständnisse

Anders ausgedrückt: alle Führungskräfte der Projektgruppe saßen gerade im Kino. Leider besuchten sie verschiedene Versionen des Films. Peter Dressler lachte: „Kein Wunder, dass wir Schwierigkeiten mit dem Happy End haben, weil wir so unterschiedliche Perspektiven haben! Leider leisten meine Statusabfragen auch keinen Beitrag zur Konsolidierung."

Peter Dressler hatte noch keine Lösung parat, allerdings verstand er zum ersten Mal wirklich, dass in dieser Projektgruppe seine bisherigen Führungserfahrungen nicht ausreichten. Es gab an einigen Stellen Störungen in der Zusammenarbeit, die er nicht vorausgesehen hatte oder seine Führungsarbeit bisher nicht beseitigten. Er war auf der Suche nach einer veränderten Strategie und den passenden Tools. Lesen Sie in den nächsten Kapiteln, wie Herr Dressler die Herausforderungen angeht.

## 2. Schritt: Checkpoint/Kontrollpunkt
**Ihr Lernvorteil:**

Nutzen Sie diesen Abschnitt, um die wichtigsten Meilensteine im Praxisfall zusammenzufassen. Prüfen Sie, ob Sie sich der Einschätzung von Peter Dressler anschließen oder ob Sie eine andere Auffassung zur Situation in der Projektgruppe haben.

---

**Führungsnavigator**

1. Wie schätzen Sie die Bedürfnisse des Teams/Projektgruppe ein?

   ...............................................................................

   ...............................................................................

2. Wie beurteilen Sie das aktuelle Vorgehen der Führungskraft im Praxisfall?

   ...............................................................................

   ...............................................................................

3. Welche Veränderungen schlagen Sie vor (operativ/strategisch)?

...................................................................................................................

...................................................................................................................

**Ein Blick auf Ihre persönlichen Erfahrungen mit Führungssituationen**
1. Welche Erfahrungen haben Sie als Führungskraft mit dieser Teamkonstellation und der nötigen virtuellen Zusammenarbeit gesammelt? Wie leicht ist es Ihnen gefallen, die Ziele zu erreichen und alle Mitarbeiter „im Boot zu behalten"? Mit welchen Informationen haben Sie gearbeitet?

...................................................................................................................

...................................................................................................................

2. Waren Sie als Mitarbeiter schon in einer virtuellen Arbeitssituation? Wie gut haben Sie sich vom Team und der Führungskraft „abgeholt" gefühlt? Was hat Sie motiviert – was hat Ihnen weniger gut gefallen?

...................................................................................................................

...................................................................................................................

...................................................................................................................

...................................................................................................................

## 2.3.2   Erfolgreiche Strategien und Tools: Grenzen beseitigen

**3. Schritt: Praxisgerechte Maßnahmen ableiten**
**Ihr Lernvorteil:**
   Sie haben im Praxisbeispiel erfahren, welche Herausforderungen die Führung auf Distanz auch für erfahrene Führungskräfte wie Herrn Dressler bereit hält. Das Fallbeispiel zeigt, worauf zu achten ist, wenn Führungskräfte in einer Projektgruppe angeleitet werden. In diesem Abschnitt erfahren Sie, mit welchem Vorgehen Peter Dressler den Informationsfluss verbessert und schrittweise das gegenseitige Vertrauen stärkt.
   Peter Dressler berät sich mit der Kommunikationsberaterin Angelika Horner. Sein Ziel ist es, die Ergebnisse der Feedback-Gespräche in die Maßnahmenplanung einzubeziehen. Damit sie gedanklich fokussiert bleiben, nehmen die beiden die Aufgabenliste aus Schritt 1 erneut zur Hand:

**Zusammenfassung**

**Aufgabe 1:**

- Die Beziehungsebene in der Projektgruppe verbessern
- Zielführende und wertschätzende Kommunikation etablieren. Motivation der Kolleginnen und Kollegen prüfen und – wo nötig – stärken

**Aufgabe 2:**

- Informationsfluss durch mehr gegenseitiges Vertrauen verbessern (Qualität und Tempo)

Peter Dressler fühlte sich hin- und hergerissen:

Einerseits war er zufrieden mit der griffigen Zusammenfassung der Feedback-Gespräche. Alle Führungskräfte hatten teilgenommen. Deren Aussagen ermöglichten Peter Dressler wertvolle Rückschlüsse auf die Situation. Soweit, so gut.

Andererseits war ihm noch nicht klar, in welcher Form er die Ergebnisse an die Projektgruppe zurückspielen sollte. Er wollte den Führungskräften nicht zu viel Zeit stehlen oder als Projektleiter unsachlich auftreten. Welche Medien oder welche Methode empfahlen sich für die Ergebnisschau? Diese Optionen stehen Peter Dressler zur Verfügung:

- Kurzinformation in einer Telefonkonferenz oder einer Skype-Konferenz an alle
- Einzelgespräche am Telefon – oder falls möglich – auch persönlich am Standort oder der Baustelle
- Schriftliche Information in einer Rund-E-Mail
- Mündlicher Bericht in einer der seltenen Projekttreffen
- Textnachrichten auf das Handy (SMS) an einzelne Personen oder die ganze Projektgruppe

Peter Dressler diskutierte mit Angelika Horner die Vor- und Nachteile der vier Optionen. Am Ende entschied sich der Projektleiter für einen klassischen Drei-Stufen-Kommunikationsplan. Diese Argumente waren für Peter Dressler ausschlaggebend:

- Peter Dressler wünschte sich, mit den Kollegen ins Gespräch zu kommen. Besonders wichtig ist es ihm jedoch, die Projektgruppenmitglieder zu mobilisieren. Sein Ziel war es, die Zusammenarbeit zu verbessern. Um das Ziel zu erreichen war bei den Mitgliedern der Projektgruppe eine Verhaltensveränderung nötig.
- Es ging – auf den zweiten Blick betrachtet – nicht nur darum, der Gruppe über die Zusammenfassung der Feedback-Gespräche zu berichten. Die Darstellung der Informationen war sowohl inhaltlich wie auch aus taktischen Gesichtspunkten für den weiteren Verlauf der Gespräche mit den Projektmitarbeitern ausschlaggebend. Verfehlte Peter Dressler die richtige Tonalität, würden die Punkte nicht auf Interesse stoßen oder vorschnell abgelehnt werden.

- Aufgrund des Zeitdrucks im Projekt musste Peter Dressler ohne Verzögerungen agieren. Er konnte nicht auf das nächste persönliche Treffen mit der Projektgruppe warten. Trotzdem wollte er sorgfältig und nachhaltig vorgehen.

Diese Anforderungen erforderten ein mehrstufiges Vorgehen. Sehen Sie nachfolgend die drei gewählten Schritte:

**Drei-Stufen-Kommunikationsplan**
1. Information
2. Kommunikation
3. Aktion

**Peter Dressler setzte den Drei-Stufen-Kommunikationsplan mit diesen Inhalten um:**

**1. Information**
- Es war Peter Dressler wichtig, die Ergebnisse der Feedback-Gespräche beim Team ohne Zeitverlust vorzustellen. Dazu schrieb er am gleichen Tag eine E-Mail an alle Kollegen. Er nannte zuerst nochmals den Ausgangspunkt und das Ziel der kleinen Befragung. Diese inhaltliche Wiederholung setzte er bewusst ein, damit alle in der Projektgruppe die wichtigen Aspekte vollständig vor Augen hatten. Herr Dressler wusste aus eigener Erfahrung, dass in der Anspannung des Arbeitstages nicht jede E-Mail vollständig gelesen und verstanden wurde. So versuchte er mit „stetem Tropfen die Steine zu höhlen" – also die wichtigen Botschaften öfter zu senden, damit die Informationen bei allen in der Projektgruppe gelesen und verstanden werden konnten. Er achtete jedoch darauf, dass der Text zu diesem Punkt kurz und übersichtlich blieb.
- Dann stellte Herr Dressler die Ergebnisse der Feedback-Abfrage im Überblick vor (natürlich anonymisiert, damit sich niemand angegriffen fühlte). Die E-Mail war übersichtlich gestaltet. Die Befragungsergebnisse waren professionell formuliert und Dank der gelungenen Darstellung in Stichwörtern schnell lesbar.
- Am Ende des Textes lud Herr Dressler – fett und rot geschrieben – zu einer Telefonkonferenz zwei Tage später ein, um das Thema gemeinsam zu diskutieren. Mit der Gestaltung zeigte er, dass der Termin für die Projektgruppe als verpflichtend zu betrachten ist und Peter Dressler keine Entschuldigungen in Bezug auf die Teilnahme akzeptieren würde. Die Kurzfristigkeit war dem Zeitdruck im Projekt geschuldet – und damit aus der Sicht von Peter Dressler gerechtfertigt.
- Natürlich seien bis dahin auch Fragen oder Kommentare per E-Mail herzlich willkommen, schloss die E-Mail.

**Reaktion der Projektgruppe auf die Information via E-Mail**

- Werner Schneider und Wilfrid Huber telefonierten zufällig in dem Augenblick miteinander als die E-Mail von Herrn Dressler bei ihnen im Postfach ankam. Es sorgte für einige Überraschung, dass der Projektleiter die „kleinen Reibereien" (so nannte Herr Schneider die Situation gegenüber Herrn Huber) so ernst nahm. Trotzdem war es beiden Herren klar, dass sie an der Telefonkonferenz teilnehmen mussten. Die Anweisung des Projektleiters war unmissverständlich, außerdem fühlten sie sich dem Projekterfolg verpflichtet. Beide verschoben andere Aktivitäten, um zu diesem Zeitpunkt zur Verfügung zu stehen.

- Peter Müller las die E-Mail noch am gleichen Tag, hatte jedoch aufgrund einiger dringender Aufgaben keine Zeit, sich zum Inhalt Gedanken zu machen. Er reagierte eher genervt, weil er fand: „Die Kollegen verderben die Stimmung im Team und ich muss jetzt noch mehr Zeit opfern, um alles wieder gerade zu biegen. Typisch, kann ich da nur sagen…." Den Termin der Telefonkonferenz machte er trotz seines Gegrummels möglich.

- André Schrader war hoch zufrieden mit dem Vorgehen. Er war sich noch nicht sicher, ob die Initiative von Peter Dressler die Zusammenarbeit verbessern würde. Als Führungskraft sah er jedoch, dass Peter Dressler die Situation mit eindeutigen Management-Hebeln bearbeitete. Herr Dressler signalisierte seine Entschiedenheit, die Situation nicht länger zu akzeptieren. Die Aussichten auf gutes Gelingen waren deshalb gut. Er freute sich auf die Telefonkonferenz.

- Melanie Mayer reagierte ebenfalls positiv auf die E-Mail. Sie war zuerst von den Inhalten wenig begeistert und seufzte: „Schade, dass wir bei dem wichtigen Projekt so viel Zeit mit sozialen Aspekten verlieren."Sie folgte der Initiative von Peter Dressler trotzdem optimistisch, denn sie sah keine andere Möglichkeit um den Projekterfolg sicher zu stellen. Aus ihrer Sicht reagierte Peter Dressler vorbildlich. Für sie war es selbstverständlich, sich für die Telefonkonferenz Zeit zu nehmen. Es war ihr ein Anliegen, den Projektleiter mit einem positiven Signal unterstützen.

**2. Kommunikation**

- Die Telefonkonferenz war als Gesprächsforum für alle Fragen und Kommentare der Projektgruppe gedacht. Herr Dressler setzte dafür eine Stunde an. Er hoffte auf lebhafte Teilnahme und lud mit vielen offenen Fragen à la „Wie sehen Sie die Inhalte? Was fällt Ihnen auf? Was hatten Sie erwartet und was hat Sie überrascht?" zum ergebnisoffenen Diskurs ein. Das Gespräch sollte bei dieser Gelegenheit aus der Sicht von Peter Dressler beginnen. Natürlich rechnete er nicht damit, alle Störungen in der Zusammenarbeit innerhalb einer Stunde abschließend klären zu können. Weitere Gespräche sollten kontinuierlich folgen.

- Bevor er in die Diskussionsphase überleitete, stellte er nochmals alle Ergebnisse vor und bat erst dann um die Stellungnahme der anderen. Er wollte so dafür sorgen, dass die Diskussion die Feedback-Gespräche im Fokus behielt.

> • In Bezug auf den Diskurs hatte er sich vorgenommen, die ersten Reaktionen der Führungskräfte abholen. Im zwischen Schritt wollte er dafür werben, am das Thema „erfolgreiche Zusammenarbeit" im Fokus zu behalten.

**Reaktion der Projektgruppe auf die Kommunikation in der Telefonkonferenz**
- Als Peter Dressler die Ergebnisse am Telefon vorstellte, antwortete ihm anfänglich längeres Schweigen aus der Leitung. Die erfahrenen Manager wollten die politische Wetterlage abwarten, bevor sie sich äußerten. Werner Schneider, sonst der Wortführer, verhielt sich auffallend ruhig und auch Wilfried Huber gab zuerst keinen Kommentar ab. André Schrader meldete sich als Erster mit einem Wortbeitrag: „Das Ergebnis ist schlechter als von mir erwartet. Das tut mir leid, denn ich mache mir Sorgen um das Projekt." Mit diesem Satz traf er ins Schwarze, obwohl er sich sonst nicht immer so glücklich in der Auswahl seiner Hinweise zeigte. Alle Teilnehmer der Telekonferenz stimmten ihm zu. Man sei geradezu peinlich berührt und hoffe, man habe dem Projekt mit den Unstimmigkeiten nicht geschadet, sagten alle fast gleichzeitig.
- Alle Projektgruppenmitglieder gaben nacheinander ein kurzes Statement zum Ergebnisbericht ab (so moderierte Peter Dressler das Gespräch). Es wurde klar, dass die Kollegen von den Ergebnissen überrascht waren, wenn auch aus unterschiedlichen Gründen. Herr Schneider gab an, keine ungewöhnlichen Unstimmigkeiten bemerkt haben zu wollen. Herr Müller und Herr Schrader sagten, unterstützt durch Frau Mayer, dass man die Intensität der Schwierigkeiten und die konkreten Themen bisher anders eingeschätzt hätte.
- Erfreulicherweise kam es diesmal nicht zum Eklat zwischen den Führungskräften. Eine neue Freundlichkeit machte sich breit. Alle Mitglieder der Projektgruppe bemühten sich um ein höfliches Miteinander im Telefonat und zeigten sich von ihrer besten Seite: Man ließ sich ausreden, akzeptierte auch die Meinungen der anderen und artikulierte Wertschätzung. Peter Dressler registrierte diese positiven Signale als Zeichen dafür, dass – neben den Fachthemen – auch die persönlichen Rivalitäten von einzelnen Akteuren überdacht wurden. Er zeigte seine Begeisterung für diese Veränderung. Die Projektmitglieder bemerkten das aufrichtige Anliegen von Peter Dressler, den Erfolg der Zusammenarbeit zu verbessern. Diesem Wunsch konnte und wollte man sich nicht entziehen. Natürlich gab es noch weiterhin unterschiedliche Auffassungen zu den Problemen bzw. zu deren Lösung. Diese strittigen Details wurden jedoch erst einmal nicht angesprochen.

> **3. Aktion**
> - Am Ende der Telekonferenz fasste Peter Dressler die Diskussion in den wesentlichen Punkten zusammen. Dann bot er an, die Arbeitsweise zu verändern und die wichtigen Punkte gemeinsam festzulegen. Er betonte, dass dafür jedoch ein anderer Rahmen als ein Telefonat erforderlich sei.
> - Herr Dressler erklärte sich bereit, einen Workshop zu organisieren. Um den Projektmitgliedern diesen Schritt zu versüßen, wollte er die Reisekosten sowie

anfallendes Honorar für die Moderation und den Raum vom Projektbudget bezahlen. Voraussetzung war, dass alle bereit waren einen Tag innerhalb der nächsten zwei Wochen für das Treffen „zu opfern".

- Noch im Telefonat brachte er zwei Terminvorschläge vor. Er war nicht bereit die Runde aufzulösen, ohne ein Datum festgelegt zu haben. Dies zeigte er deutlich und die Führungskräfte verstanden diese Botschaft.

- Die Organisation des Workshops blieb in den Händen von Peter Dressler. Er wollte die Gruppe nicht überbelasten und kommunizierte dies entsprechend. Allerdings verteilte er „Hausaufgaben" in Form von Reflexionen über alle Plus- und Minuspunkte der Zusammenarbeit. Jeder sollte seine Anliegen beim Workshop „auf den Tisch bringen". Sein letzter Apell war es, dass man sich bitte stärker mit Lösungsvorschlägen befassen sollte. Dieses Anliegen leuchtete allen Führungskräften ein. Lesen Sie unten, welchen Verlauf die Diskussion nahm.

**Reaktion der Projektgruppe zu den vorgeschlagenen Aktionen**

- Peter Müller sprach als Erster den vorgeschlagenen Workshop an. Er fand sofort Unterstützung – was in dieser Runde bisher selten vorkam – durch Herrn Schneider und Herrn Huber. „Ist ein kompletter Tag für den Workshop wirklich nötig?", fragte Herr Müller. Peter Dressler ließ zu diesem Punkt nicht mit sich verhandeln. Er zeigte durch seinen Tonfall, dass die Workshop-Einladung als Imperativ zu verstehen sei. Er wollte Qualitätsprobleme und Zeitdruck in der Auftragsabwicklung vermeiden. Bei der Investitionssumme des Kunden im dreifachen Millionenbereich sei ein Tag zur Verbesserung der Zusammenarbeit absolut angemessen, meinte er bestimmt. Diesem Argument wollte niemand widersprechen und so wurde ein Termin circa zehn Tag später für den Workshop für alle verbindlich angesetzt.

- Diese erste Maßnahme zeigte bereits eine unmittelbare Wirkung, denn es machte sich eine veränderte Gruppendynamik bemerkbar. Selbst Herr Schneider und Herr Huber zogen die Inhalte der Feedback-Gespräche nicht ins Lächerliche, wie sie es bisher bei Kritik über die schlechte Zusammenarbeit gemacht hatten. Sie demonstrierten Ernsthaftigkeit in Bezug auf die nötige Verbesserung des Arbeitsklimas.

- Die Gefühlslage war zwar noch nicht bei allen in der Gruppe positiv, man sah aber die Notwendigkeit ein, den Blickwinkel in Richtung „Erfolg" zu verändern. Alle fanden, dass Peter Dressler seinen Job als Projektleiter kompetent erledigte.

**Vorbereitung auf den Workshop**

Peter Dressler suchte zusammen mit der Personalabteilung eine Moderatorin aus. Die Wahl fiel auf Frau Horner, die das Projekt ausreichend gut kannte, um ohne Einarbeitungszeit die Aufgabe meistern zu können. Frau Horner stellte zusammen mit Peter Dressler die Agenda für den Workshop auf:

**Agenda des Workshops**

09:00 Start in den Tag: Gemeinsame Ziele festlegen und Arbeitsweise abstimmen

10:00 Anliegen-Runde: Störungen benennen und erklären

11:00 Kaffeepause

11:30 Gemeinsame Einschätzung der Anliegen

12:30 Mittagessen

13:30 Lösungen-Runde: Prioritäten setzen und Umsetzung diskutieren

15:00 Kaffeepause

15:30 Nächste Schritte

16:30 Fazit und Feedback

Angelika Horner versendete den Ablaufplan am nächsten Tag nach der Telefonkonferenz. So stellte sie sicher, dass alle genug Zeit hatten die Informationen zu lesen. Es war für sie ein Ausdruck von professionellem Respekt, die Führungskräfte gut zu informieren. Zudem wusste sie aus Erfahrung, dass man keine Zeit mit der Versendung von Informationen zum Workshop verstreichen lassen durfte. Ließ man die Projektgruppe zu lange warten, entkräftete Peter Dressler unbeabsichtigt selbst seine Argumentation zur Dringlichkeit des Workshops.

In der E-Mail teilte sie mit, dass die Agenda lediglich als erste „Richtlinie" zu verstehen sei. Vor Ort sollte die Arbeitsweise zu Beginn des Workshops gemeinsam besprochen und endgültig festgelegt werden.

Die vorgeschlagenen Tagesordnungspunkte boten die Möglichkeit mit zusätzlichen Gedanken in das Gespräch einzusteigen (siehe Agenda, Stichwörter „Anliegen-Runde" und „Gemeinsame Einschätzung"). Frau Horner legte die Gruppe mit diesem Ablauf damit nicht ausschließlich auf die Inhalte der Feedback-Gespräche oder der letzten Telefonkonferenz fest. Die Anliegen-Runde war einerseits mit einer Stunde bewusst kurz angesetzt, um die bereits bekannten Kritikpunkte nicht zu stark zu betonen. Andererseits bot Frau Horner genug Zeit an, um auch neue Blickwinkel aufzunehmen.

Es war ihr wichtig, die Anliegen noch mal gemeinsam zu besprechen. Allerdings wollte sie es nicht zulassen, dass die Führungskräfte im Workshop die Probleme verharmlosen oder die Gedanken einzelner Personen vielleicht zu kurz kamen. Sie kannte aus ihrer Moderationspraxis viele Spielarten der Gruppendynamik, die sich zeigten, wenn einzelne Teilnehmer es vorzogen das unbequeme oder anstrengende Gespräch zu verkürzen.

Als Veranstaltungsort wählte Frau Horner das Kongress-Center des Unternehmens „Netzwerk", das in einem separaten Gebäudeteil in der Unternehmenszentrale untergebracht war. Es ergaben sich keine zusätzlichen Reisezeiten durch die Anfahrt zu einem Kongresshotel an einem anderen Ort, trotzdem bestand eine räumliche und – wie Frau Horner hoffte – eine gedankliche Distanz zum Tagesgeschäft.

**Vorbereitung der Projektgruppenmitglieder auf den Workshop**

Die Mitglieder der Projektgruppe nahmen ihre Hausaufgaben ernst. Sie waren von Peter Dresslers Nachdrücklichkeit beeindruckt. Niemand wollte unkooperativ wirken, indem sie oder er unvorbereitet zum Workshop erschien. So sammelten alle weitere Plus- und Minuspunkte in der Zusammenarbeit oder nutzten die Ergebnisdarstellung der Feedback-Gespräche als Grundlage für eigene Lösungsvorschläge.

Auch hier zeigten sich die unterschiedlichen Mentalitäten des Kollegenkreises, denn die genutzten Arbeitsmittel waren unterschiedlich:[13]

- Werner Schneider arbeitete mit einer Kalkulationstabelle auf seinem Tablett
- Wilfried Huber notierte seine Gedanken im Handy
- Peter Müller skizzierte seine Gedanken auf einen Handzettel seines Firmen-Notizblocks
- André Schrader brachte seine Gedanken auf einem Schmierpapier mit. Er nutzte die Rückseite eines nicht mehr benötigten Dokuments
- Melanie Mayer erstellte eine Mindmap auf ihrem Laptop

André Schrader und Melanie Mayer hatten vor dem Workshop mögliche Lösungsvorschläge zu den Arbeitsstörungen besprochen. Die anderen in der Projektgruppe standen nicht im Austausch. Das Tagesgeschäft hielt sie davon ab. Es kam hinzu: Die Führungskräfte sahen dem Workshop mit gemischten Gefühlen entgegen. Trotz der guten Information zur Agenda durch Frau Horner fühlten sich die Führungskräfte merklich unsicher. Es war nicht klar, was der Tag inhaltlich und persönlich von ihnen fordern würde. Das „eigene Revier" wurde gedanklich noch immer von den Kollegen verteidigt, anstatt die Gemeinsamkeiten in der Projektarbeit in den Mittelpunkt zu stellen.

**So verlief der Workshop**
Der Tag begann holprig, denn Werner Schneider verspätete sich (er steckte im Stau). Peter Müller erhielt eine zeitkritische Aufgabe von seinem Chef, die er sofort erledigen wollte. Beide Kollegen zeigten, dass sie andere Prioritäten hatten oder zumindest ihr Zeitmanagement verbessern sollten.

Peter Dressler und Angelika Horner zwangen sich dazu, weiterhin gute Laune zu verbreiten. Sie waren beide enttäuscht von der Verzögerung. Melanie Mayer, Wilfried Huber und André Schrader plauderten während der Wartezeit über ein Arbeitsthema im Projekt. Das wirkte auf die drei positiv. Nach der ersten Anspannung fingen sie an, witzige Kommentare und gemeinsame Eindrücke auszutauschen.

Als gegen 9:30 Uhr alle Mitglieder der Projektgruppe eingetroffen waren, erwies sich die inhaltliche Diskussion – entgegen den Befürchtungen von Peter Dressler und Angelika Horner – als konstruktiv ab dem ersten Moment. Die Projektmitglieder präsentierten sich vorbereitet und gesprächig.

---

[13]Reichwald, R./ Möslein, K. [14].

Bei der Anliegen-Runde brachten die Führungskräfte ihre Kritikpunkte aus den Feedback-Gesprächen wieder vor, jetzt präzisiert durch Erklärungen, Hintergrundinformationen und erste Lösungsvorschläge. Das lief sehr gut, fand Peter Dressler. Frau Horner moderierte den Austausch souverän. Sie achtet darauf, dass die eingangs beschlossenen Kommunikationsregeln eingehalten wurden. Es war ihr wichtig, dass sich alle Projektmitglieder als gleichberechtigte Partner behandelten. Sie wollte nicht, dass sich jemand durch die Projektleitung, die Moderation oder einzelne Kollegen belehrt oder gemaßregelt fühlte. Das kam bei den Führungskräften gut an, denn diese Sorge bestand im Vorfeld bei einigen Personen.

Die Moderatorin schrieb die vorgebrachten Argumente auf Flipcharts und die Gruppe stellte jedem Sprecher hilfreiche Verständnisfragen. Alle blieben ruhig, auch wenn in den Ausführungen zur Mediennutzung sehr unterschiedliche Meinungen genannt und mit Nachdruck vertreten wurden. Trotzdem konnte jeder im Raum spüren, dass das gegenseitige Verständnis für die Sichtweisen und Arbeitsmodelle mit jeder Minute stieg.

André Schrader bekräftigte in der Anliegen-Runde seine Probleme mit dem Medieneinsatz:

> Es würde mir bei meiner Arbeit helfen, wenn wir innerhalb der Projektgruppe einen noch intensiveren Austausch zu den aktuellen Anforderungen pflegen würden. Ich wünsche mir auch, dass wir zwischen unseren Mitarbeitern die Kommunikation stärken. Nicht alle E-Mails werden zeitnah bearbeitet, habe ich gehört. Ist das korrekt aus Ihrer Sicht? Da ist noch ein wichtiger Punkt: Gerne möchte ich unsere Technik besser für die Kommunikation nutzen. Ich verstehe den Grund nicht, warum die Service-Abteilung die Bildübertragung beim Videochat abstellt. So wird aus dem Videogespräch wieder ein Telefonat. Oder wie sehen Sie das?

Zum Vergleich ein Rückblick auf das Feedback-Gespräch mit André Schrader:

▶  Wir brauchen aber auch innerhalb der Projektgruppe einen funktionierenden Austausch zu den aktuellen Anforderungen. Für die Budgetfreigaben ist das unerlässlich. Ich verstehe nicht, warum die Kollegen sich so verhalten als machten sie das zum ersten Mal. Auch zwischen unseren Mitarbeitern muss die Kommunikation besser laufen. Warum werden E-Mails nicht oder erst spät beantwortet? Und überhaupt: Warum nutzen wir die Technik nicht besser? Es kann nicht sein, dass die Service-Truppe immer die Bildübertragung beim Videochat abstellt, oder? Ich verstehe wirklich nicht, was das soll! Dann können wir gleich telefonieren.

Wilfried Huber reagierte auf den Hinweis von Herrn Schrader nicht mit den bisher üblichen Gegenangriffen, sondern mit einer unerwarteten Erklärung für diese Angewohnheit seiner Mitarbeiter:

> Ja, das stimmt. Videokonferenzen sind gut geeignet für unsere Abstimmungen im Unternehmen, allerdings sprechen meine Leute lieber ohne Bildübertragung. Das verstehen die

Teams von Ihnen, Herr Schrader, und von Ihnen, Herr Müller, offensichtlich nicht. Immer wieder gibt es zum fehlenden Bild Kritik und Anfeindungen. Wir sehen auf der Baustelle nicht so gepflegt aus wie die Kollegen in der Zentrale. Wir möchte die bestehenden Vorurteile im Unternehmen zu den „Jungs von der Baustelle" nicht durch unsere Arbeitskleidung im Videobild vertiefen. Mein Team fühlt sich trotz aller Berufserfahrung an dieser Stelle unsicher im Kontakt mit „Anzugträgern" und beschränkt sich deshalb auf die Tonübertragung. Ich hoffe, Sie können das nachvollziehen.

Damit hatten Herr Müller und Herr Schrader nicht gerechnet. Auch Frau Mayer war überrascht von dem Statement. Ein ästhetisches Problem hatte niemand in dieser Runde erwartet. Nur Werner Schneider war mit der Situation durch seine Arbeit auf den Baustellen bereits vertraut.

Wilfried Huber lachte verlegen: „Was dachten Sie denn, was der Grund ist? Wir haben doch nichts gegen eine gute Zusammenarbeit!" Damit war die Herausforderung zwar noch nicht gelöst, plötzlich sahen alle in der Projektgruppe das Thema in neuem Licht. Frau Mayer schmunzelte: „Gut, dass wir darüber gesprochen haben. Bisher war zu wenig Zeit für ein Gespräch jenseits von Daten und Fakten."

Wilfried Huber ließ im weiteren Verlauf der Gespräche seinen im Unternehmen geradezu sprichwörtlichen Charme aufblitzen: Er wirkte beim Workshop zugänglicher für alle Kollegen, nicht nur gegenüber seinem langjährigen Projektpartner Werner Schneider. Die Atmosphäre änderte sich dadurch und alle fühlten sich wohler. Wilfried Huber gelang es durch seine Scherze sogar, dass sich eine bisher noch nicht gespürte Verbundenheit zwischen den Projektmitgliedern ausbreitete.

Peter Dressler verstand jetzt besser, warum Wilfried Huber sich so eng an Werner Schneider angeschlossen hatte. Er fühlte sich als bodenständiger Service-Leiter auch selbst unsicher, was den engen Kontakt mit den „Herrschaften aus der Zentrale" anging. Es spielte keine Rolle für ihn, wie beliebt er im Unternehmen war. Da war ein bekanntes Gesicht ein willkommener Rettungsring in dieser für ihn unbequemen Lage.

Es fiel auf, dass besonders Werner Schneider sich beim Workshop um eine konstruktive Haltung bemühte. Er hörte respektvoll zu, als die anderen Führungskräfte ihre Argumente vorbrachten. So kam es zu „Aha-Momenten" bei ihm, da er bisher viele Motive der anderen falsch interpretiert hatte. Er räumte ein, dass er vorschnell die gute Laune verloren habe – und das auf der Grundlage von Missverständnissen. Dies war ein deutlicher Richtungswechsel, fand Peter Dressler. Zum Vergleich ein Rückblick zum Feedback-Gespräch mit Werner Schneider, der seine frühere Haltung verdeutlicht:

▶   „Ich achte darauf, dass mein Bereich gut funktioniert. Ich kümmere mich um die Performance meiner Mitarbeiter. Das sollte genügen. Jeder muss sich um die eigenen Hausaufgaben kümmern, finde ich. Wenn das nicht erfolgt, bin ich genervt. Das gebe ich gerne zu."

Herr Dressler und die anderen reagierten mit wertschätzender Herzlichkeit auf die offenen Worte von Werner Schneider. So erzählte Herr Schneider weiter: Zum Zeitpunkt des Feedback-Gesprächs war er ausschließlich auf seinen Arbeitsbereich fixiert. Das begründete er mit der großen Belastung durch das Projekt. Selbst der souveräne Herr Schneider – so ließ er durchblicken – kannte Momente von Nervosität. Das war eine Neuigkeit für die Kollegen, die man schweigend aber mit einer gewissen Genugtuung aufnahm. Durch die Anspannung verlor Herr Schneider nach eigenen Aussagen das Augenmaß. Es kam es zu dem einen oder anderen Konflikt, der die Stimmung in der gesamten Projektgruppe überschattete.

Werner Schneider hatte verstanden, wie er auf die Kollegen wirkte. Das war ein Verdienst des Ergebnisberichts. Er wollte sich ab jetzt von seiner besten Seite zeigen. Die Stimmung zwischen Werner Schneider und Peter Müller wurde freundlich und kollegial. Peter Müller zeigte sich zwar noch nicht restlos versöhnt, setzte aber immer häufiger ein Lächeln auf.

Frau Mayer ergriff nun ihre Chance. Sie wollte bei ihrem Statement in dieser Runde endlich einmal aussprechen dürfen, was ihr auch gelang. Bisher hatten die Herren sie häufig unterbrochen oder sogar über ihren Kopf hinweg miteinander diskutiert, ohne Frau Mayer ernsthaft einzubeziehen. Hier ein Rückblick auf das Feedback-Gespräch mit Melanie Mayer:

▶  Mehr Wertschätzung für die Expertise – und Daseinsberechtigung – aller im Team, finde ich wichtig. Wir arbeiten am gleichen Ziel, das möchte ich in den Gesprächen und im Verhalten bitte wieder spüren dürfen.

Melanie Mayer stellte den Mehrwert der Pressearbeit noch einmal sachlich und verständlich vor. Diesmal hörten die Kollegen aufmerksam zu und stellten interessierte Verständnisfragen. So kam es, dass die Herren geradezu „schlagartig" – wie Peter Dressler und Angelika Horner unter sich scherzten – den Wert der Pressearbeit für das Projekt höher einschätzten als bisher. Selbstverständlich waren sie zukünftig bereit, alle nötigen Arbeitsschritte zu veranlassen. Frau Mayer werde ab jetzt ungehindert arbeiten können, versprach „Mann" im Chor.

Auch André Schraders Verantwortung für die Budgetsteuerung und Peter Müllers Aufgaben in der Konstruktion fanden nach deren kurzen Ausführungen zum Sachstand wieder die verdiente Anerkennung bei den Kollegen.

Während sich die Kommunikationsstörungen durch die Gespräche langsam aus dem Weg räumen ließen, fiel dem Projektleiter etwas auf: Peter Dressler bemerkte, dass bei allen im Team die gedankliche Verknüpfung der anfallenden Aufgaben mit der eigenen Arbeitsorganisation ohne Zögern erfolgte. Solange diese Aufgaben aber im Projektplan, als E-Mail oder in der Videokonferenz thematisiert wurden, fiel genau dieser Transfer allen schwer. Es herrschte oft Ratlosigkeit, wie die Aufgaben genau anzupacken seien. Angelika Horner beschrieb dieses Verhalten als typisches Merkmal der virtuellen Zusammenarbeit. Sie beruhigte Peter Dressler. Durch den Workshop schufen sie eine solide Grundlage für die weitere Zusammenarbeit.

Die Stimmung in der Projektgruppe war bald so gelöst, dass alle Führungskräfte ohne Scheu ihre Kritikpunkte formulierten. So kam es, dass auch Peter Dresslers Statusabfragen vom Projektteam „ihr Fett weg bekamen". Bisher hatten die Führungskräfte aus Respekt vor dem Projektleiter das Thema absichtlich ausgespart. Nun wurden die Abfragen schonungslos als zu kompliziert, zu häufig und nicht hilfreich für die Zusammenarbeit bezeichnet.

Werner Schneider ergriff das Wort, die anderen Teilnehmer nickten zustimmend:

Wir sind alle Profis, da muss das doch ohne viel Kontrolle klappen. Ich fühle mich durch Ihre Abfragen in meiner Position infrage gestellt, wenn ich ehrlich bin. Die Meetings und Reportings bringen mir nichts für die Praxis auf der Baustelle. Ich muss sehr viel Zeit investieren, nur um Ihnen alle Informationen zur Verfügung zu stellen. Natürlich ist mir klar, dass „Netzwerk" im Projektmanagement so arbeitet, d.h. mit Projektplan, Meilensteinen und Statusreports. Diesmal ist es für mich jedoch besonders beschwerlich.

Diese Kritik ließ sich der Projektleiter Peter Dressler erst einmal gefallen. Er wollte später die gewünschte Arbeitsweise mit dem Team abstimmen und eine passende Alternative herausarbeiten. Er war neugierig, ob die Führungskräfte bessere Vorschläge vorlegten. Gerne würde er die Anregungen aufgreifen. Lesen Sie unten den Textausschnitt aus der Ergebniszusammenfassung, der die Kritik an den Statusabfragen bestätigt:

▷   Herrn Dresslers Statusabfragen findet das Team überflüssig. Die umfangreichen Berichte werden im Arbeitsalltag als Belastung wahrgenommen und als ein Ausdruck von Misstrauen interpretiert.

Natürlich lösten sich die emotionalen Unterströmungen und Rivalitäten zwischen den Führungskräften nicht innerhalb weniger Stunden auf. Der Workshop bot jedoch die angemessene Bühne, um sich anzunähern. Die Professionalität der Führungskräfte hatte jedoch wieder Oberhand gewonnen und der gemeinsame Projekterfolg rückte für alle erneut in den Mittelpunkt. Der Weg dahin war noch nicht gefunden, das Gefühl von Verbundenheit jedoch deutlich intensiviert. Eine gute Voraussetzung, wie Peter Dressler fand.

Als die Projektgruppe die Herausforderungen priorisierte, stellte sich die unterschiedliche Arbeitsweise als das wichtigste Thema für alle heraus. An zweiter Stelle wurden die verschiedenen Wünsche zum Medieneinsatz in der Projektkommunikation genannt.

Es gab jedoch noch ein weiteres Thema, das alle beschäftigte: Schon die Ergebnisschau der Feedback-Gespräche hatte es gezeigt und der Workshop festigte diesen Eindruck erneut. Alle waren ambitioniert, wollten die eigene Expertise und die des Fachbereichs für das Projekt nutzen. Eine gemeinsame Sicht auf das Projekt in Bezug auf die gelungene Verzahnung aller Fachbereiche fehlte jedoch. Die Projektgruppe wollte das gerne ändern. In der Zusammenfassung der Feedback-Gespräche war der Sachverhalt so formuliert worden:

▶   Jeder Arbeitsbereich ist von seiner Bedeutung für den Gesamterfolg über-
     zeugt. Die mögliche gemeinsame Vision vom Projekterfolg zitiert in den Feed-
     back-Gesprächen niemand – oder es gibt diese Vision vielleicht noch nicht.

**Praxistipp**
Die gut verzahnte Zusammenarbeit in einer Projektgruppe bedeutet häufig die
Einschränkung der persönlichen Autonomie: Arbeitsweisen müssen in Aufbau,
Inhalt oder Terminierung an andere Kollegen angepasst werden. Gerade Führungskräfte, die es gewöhnt sind, selbst das Steuer in der Hand zu halten, kommen dabei
schnell an ihre Grenzen. Insbesondere in der Zusammenarbeit auf Distanz ist es
jedoch nötig, alle Handlungsstränge zu koordinieren. Es kommt noch dazu, dass
Arbeitsweisen, Kommunikationskanäle und technische Plattformen gewählt werden, die einer oder mehreren Führungskräften eine Veränderung in der Arbeitsweise abverlangen. Hier ist Sensibilität gefragt und die gemeinsame Auswahl der
Medien auf Augenhöhe von allen im Projektteam.

**Ergebnisse des Workshops**
Nach der Mittagspause standen für Peter Dressler die Lösungsansätze für die weitere
Zusammenarbeit im Mittelpunkt. Die Projektgruppenmitglieder waren mittlerweile bester Stimmung. Das schmackhafte Essen im Design-Restaurant hatte den perfekten Rahmen für ein kurzweiliges Tischgespräch in der großen Runde geliefert.

Im weiteren Gespräch diskutierte man den idealen Einsatz von E-Mails, Videokonferenzen und möglicherweise Online-Chats für das Projekt. Hier wollte die Projektgruppe
einige Aspekte der bisherigen Praxis ändern. Man wollte einige ausgewählte Medien nutzen und eine Zuweisung vornehmen, welche Informationen auf welchem Kanal ausgetauscht werden sollten.

Man einigte sich auf eine reduzierte Version der Statusabfragen. Aus der Sicht der
Projektgruppe hatte Peter Dressler es damit übertrieben. Er hatte zu häufig um zu breit
angelegte Reportings gebeten. Man fühle sich kontrolliert und sogar gegängelt, führten
die Kollegen unisono aus. Der Spaß an der Zusammenarbeit mit den anderen Fachbereichen sei deshalb gar nicht erst aufgekommen. Keine wollte die nervigen Berichte mit
den angeforderten Daten füttern und natürlich später auch nicht darin lesen, was die
anderen Kollegen für das Projekt schon erreicht hatten.

Als Peter Dressler dieses Argument hörte, gab er zu, dass er Druck durch seine Abfragen erzeugen wollte. Allerdings hatte er sich nur wenig Gedanken darüber gemacht, welchen Einfluss er damit auf die Beziehungsebene zwischen ihm und den Kollegen nehmen
würde. Er verstand jetzt, dass er die Termintreue bei der Aufgabenerledigung und guten
Informationsfluss im Team besser mit anderen Mitteln unterstützte.

Die unbeliebten Reportings sollten zukünftig zusammen mit anderen Informationen an einer nur für das Team reservierten Stelle im Intranet angeboten werden.

Jede Führungskraft kann mit diesem System in eigener Zeiteinteilung die Informationen eintragen. Dabei war es allen ein Anliegen, dass es sich um „überschreibbare Dokumente" handeln würde, sodass man sich die Zeit und Mühe für das Herunter- und Hochladen der Berichtstabellen sparte. Wichtig war es, die eigenen Einträge zu erledigen, zu speichern und diese Notizen sofort für alle in der Projektgruppe zur Verfügung zu stellen. Im Gespräch zeigte sich, dass das bisher nervige Handling der Abfragen mit einer Mail und angehängtem Dokument ein merklicher Malus für die Zusammenarbeit war.

Wichtig war es für die Gruppe, mehr „Gleichzeitigkeit" in der Kommunikation zu entwickeln. Man fand es schwierig, lange E-Mail-Korrespondenzen nachzuvollziehen. Nur in einem Gespräch funktionierte ein Meinungsaustausch, die Verschriftlichung hatte nur wenige Erfolgsaussichten. Melanie Mayer machte als Kommunikationsprofi allen im Team deutlich, welche Vorteile Videokonferenzen haben. Herr Huber erzählte als Bestätigung zu Frau Mayers Ausführungen von seinen Erfahrungen. Er findet es hilfreich, die Körpersprache der Gesprächspartner zu beobachten. So falle es leichter, die Reaktion auf die Inhalte der anderen Seite einzuschätzen. Peter Müller und André Schrader pflichteten ihm bei, dass man Meetings schneller und besser führen konnte, wenn man nicht nur die verbale, sondern auch die nonverbale Kommunikation des Gegenübers einschätzen könnte.

Es folgten einige Scherze über die „schönheitsbewussten Service-Mitarbeiter", die diese Vorteile leider anders bewerteten. Wilfried Huber musste herzhaft lachen und versprach seinen Mitarbeitern „auf den Zahn zu fühlen".

Melanie Mayer plädierte als zweitbeste Lösung für Online-Chats, wofür das Unternehmen ebenfalls eine Plattform anbot. Man könnte sich – ergänzend zu Telefonaten – schriftlich gleichzeitig mit verschiedenen Kollegen austauschen, so wie man es aus Internetforen kenne. Nach einer kurzen Debatte zu den Vor- und Nachteilen war die Gruppe einverstanden, dieser Kommunikationsform eine Chance zu geben. Peter Dressler versprach sich umgehend zu informieren und die Eignung des Systems gemeinsam mit der Projektgruppe zu prüfen.

Offen blieb für die Gruppe zuerst einmal, wie man an einer gemeinsamen Vision vom Projekterfolg arbeiten wollte. Werner Schneider beschrieb die aktuelle Lage so:

„Der Workshop hat uns dabei geholfen, eine gemeinsame Sprache zu finden.

Die unterschiedlichen Blickwinkel der einzelnen Fachbereiche sind noch immer eine Herausforderung. Die Arbeitsweisen und auch die Argumente sind sehr unterschiedlich. Jetzt verstehe ich jedoch besser, was zwischen den Zeilen gemeint ist."

Die anderen Kollegen stimmten Herrn Schneider ohne Einschränkungen zu. Frau Mayer bot an, eine Ideenskizze zur Vision im nächsten Projektgruppenmeeting vorzustellen. Dann könne man diskutieren, wie es weiter gehen solle. Peter Dressler war der Meinung, dass der Begriff „Vision" zu pompös gewählt war. Aus seiner Sicht benötigte die Gruppe operative Spielregeln für die Zusammenarbeit. Ein gemeinsamer Blickwinkel auf das Projekt war dafür natürlich auch aus seiner Sicht die zwingende Voraussetzung.

Er wollte die Kollegen aber nicht (erneut) gängeln. Er nahm sich vor, in Ruhe abzuwarten wie die Gespräche in der Gruppe weitergingen.

**Fazit von Peter Dressler zum Workshop**
Am Abend des Workshop-Tages schätzte Peter Dressler gemeinsam mit Angelika Horner den Erfolg der Initiative ein:

- Herr Dressler war zufrieden mit der neu etablierten Gesprächskultur (Lösungsansatz für Aufgabe 1).
- Er hoffte, den Informationsfluss im Projektteam bald zu verbessern, wenn die richtige Medienauswahl getroffen und mit allen besprochen war (Lösungsansatz für die Aufgabe 2).

**4. Schritt: Im Rückspiegel – wie ging der Praxisfall weiter?**
Peter Dressler hatte durch den Workshop verstanden, dass auch bei Führungskräften mit Erfahrung in der Arbeit auf Distanz Störungen in der Zusammenarbeit entstehen können. Der konkrete Auslöser dafür ließ sich nicht identifizieren.

Angelika Horner beschrieb die Situation in ihrem Abschlussbericht an Herrn Dressler folgendermaßen: Die Mitglieder der Projektgruppe waren bisher noch nicht alle miteinander bekannt und das Projekt war anspruchsvoll. Peter Dressler arbeitete jedoch in anderen Projekten ebenfalls mit diesen Rahmenbedingungen und hatte sie erfolgreich abgewickelt. Es handelte sich also nicht um eine neue Herausforderung für den Projektleiter, was seine Aufmerksamkeit minderte. Dieser Projektgruppe gelang es jedoch durch die Rahmenbedingungen nur fallweise (nicht systematisch), hilfreiche Verhaltensweisen in der Zusammenarbeit auszuprägen. Es fehlte an gegenseitigem Vertrauen, weil die Zeit fehlte, um sich kennen zu lernen und durch den Projektleiter kein Ersatz durch gezielte Kommunikationsmuster geschaffen wurde. Im Gegenteil: er übte zusätzlichen Druck aus, weil er mit seinen Abfragen die Kollegen kontrollieren wollte. So kam es, dass Peter Dresslers übliche Erfolgsrezepte nicht aufgingen und er dies erst spät bemerkte.

Als der Projektleiter dies las, gestand er sich ein, dass er es unterschätzt hatte, wie schnell es in der Arbeitsform mit viel räumlicher Distanz zu einer Kettenreaktion kommen konnte. Es genügte ein Missverständnis durch eine komplexe E-Mail. Ein Wort gab das andere und alte und neue Kommunikationsbarrieren zwischen den Kollegen schaukelten sich gegenseitig nach oben – in Richtung Konflikt. Innerhalb kurzer Zeit entwickelten sich unter den erfahrenen Führungskräften so ernsthafte Störungen in der Zusammenarbeit, dass der Projekterfolg gefährdet schien.

Die gelungene Kommunikation mithilfe moderner Medien war folglich das Herzstück für gutes Gelingen. Herr Dressler fand im Rückblick, er habe sich zu sehr auf seinen bisherigen Erfolgen ausgeruht. Ein Fehler, der ihm nicht mehr passierten sollte.

Das Einvernehmen zwischen den Projektgruppenmitgliedern verbesserte sich durch den Workshop. Die bekannten Mentalitätsunterschiede zwischen den Führungskräften und deren Teams wurden von den Führungskräften mit mehr Fingerspitzengefühl behandelt. Das gemeinsame Verständnis für das Projekt stieg.

Auch der Austausch von Informationen gelang schrittweise immer besser. Die Gruppe wählte dafür geeignete Kommunikationsmedien aus, um in den Phasen zwischen den Projektmeetings ideal miteinander verbunden zu sein. Es gab unterschiedliche Anforderungen an die Arbeit mit Kommunikationsmedien. Zuerst sammelte die Gruppe alle Arbeitssituationen:

In manchen Fällen wollten sich die Projektmitglieder gezielt mit einer anderen Person abstimmen, in anderen bestand der Wunsch nach Unterstützung gegenüber mehreren Personen. Dann war auch ein online Gesprächsforum nötig, falls keine Telefonkonferenz oder eine Videokonferenz geführt werden konnte.

Die Projektgruppe wollte nicht zu viele Regeln ins Leben rufen und entschied sich für diese Vereinbarung:

- Intranet-Plattform für Reportings und Informationen an alle in Form einer elektronischen Pinwand. So sollen Routine-Informationen zwischen Projektleitung und Projektmitarbeitern zeiteffizient koordiniert werden
- E-Mails für einfache Themen zwischen den Führungskräften, bei denen es durch die eindeutige Sachlage kein „Ping-Pong" zwischen den Teilnehmern gibt
- Videokonferenzen für die Durchsprache der großen Projekt-Meilensteine, sodass zu wichtigen Themen das Team in Wort und Bild „zusammen kam"
- Online Chats für Diskussionsthemen, die – wenn nicht Teil einer Videokonferenz – von mehreren Teilnehmern gleichzeitig besprochen werden können

Die Umsetzung funktionierte überraschend gut. Der „E-Mail-Regen" hörte auf und man konzentrierte sich auf die Lösung der Aufgaben. Eine neue Aufmerksamkeit in Bezug auf gute Kommunikation machte sich im Team breit. Plötzlich wollte jeder besonders verständlich ihre/seine Inhalte schildern und kollegial auf die Anliegen der anderen reagieren.

Peter Dressler verhielt sich trotzdem zuerst vorsichtig. Er unterstellte, dass schnell wieder Streit entstehen könnte. Herr Dressler irrte sich glücklicherweise, denn offensichtlich war es für die Projektkollegen leichter mit Toleranz auf die Projektinhalte zu reagieren, nachdem sie selbst die Kommunikationsweise ausgewählt hatten. Die Frequenz der Kommunikation erhöhte sich. Die Gesprächskultur verbesserte sich ebenfalls und sorgte Schritt für Schritt auch für mehr Schnelligkeit in der Projektumsetzung. Peter Dressler staunte nicht schlecht, als nun sogar die von ihm noch immer geschätzten Berichte über den Arbeitsstatus der einzelnen Führungskräfte meist ohne Verzögerung vorlagen. Allerdings bat er seit dem Workshop um eine abgespeckte Version, die weniger Arbeitsaufwand verursachte.

Schon beim nächsten Meeting sprach die Projektgruppe über die gemeinsame Vision für das Projekt. Melanie Mayer stellte eine Ideenskizze vor, die zu wertvollen Diskussionen in der Gruppe führte. Selbstverständlich war allen Führungskräften klar, worum es in dem Projekt ging und welchen Auftrag der eigene Bereich für die Zielerreichung hatte. Peter Dressler war jedoch überrascht, dass durch den normalen Fokus der Führungskräfte auf die Anforderungen im eigenen Fachbereich ein hoher Informationsbedarf zur horizontalen Zusammenarbeit bestand. Hier fehlten viele Detailkenntnisse. Peter Dressler merkte noch mal deutlich, dass er erneut von sich auf andere geschlossen hatte. Als Projektleiter verfügte nur er über den „Helikopterblick". Für alle anderen Mitarbeiter mussten diese Daten in leicht verständlicher Form erst zur Verfügung gestellt werden. Ein dummer Anfängerfehler von ihm, wie Herr Dressler feststellte.

Die Projektgruppe brauchte – wie Peter Dressler korrekt vermutete – nicht unbedingt eine gemeinsame Vision. Es war jedoch hilfreich gemeinsam die Auftragsklärung zwischen den Bereichen zu besprechen, um die ideale Zusammenarbeitsform zu finden. Das Konzept von Frau Mayer war der ideale Ausgangspunkt. Sie unterstützte die Gespräche in der Gruppe zu diesem Punkt maßgeblich und sorgte auf diesem Weg für eine deutliche Steigerung der Performance im Tagesgeschäft.

Sie haben auf den letzten Seiten gelesen, wie Peter Dressler die Herausforderungen der Projektarbeit auf Distanz gelöst hat. Der nächste Abschnitt beschreibt und beurteilt die von dem Projektleiter gezeigten Stärken und Schwächen im Praxisfall. Die Sammlung der Argumente ist keine abschließende Liste, sondern bietet Ihnen – in Ergänzung und Abrundung zu Ihren Eindrücken – ein Fazit aus meiner Sicht.

**5. Schritt: Highlights and Lowlights im Praxisfall „Zusammenarbeit mit Kollegen verschiedener Abteilungen"**

- Peter Dressler ist ein bekennender Kontroll-Freak. Er rechtfertigt dies mit seinen bisherigen Erfolgen. Diesmal hat er es leider übertrieben und erfahrene Führungskräfte mit seinen Statusabfragen zu sehr gegängelt. Warum die Gruppe ausgerechnet bei diesem Projekt so starke Anlaufschwierigkeiten zeigt, lässt sich schwer sagen. Immerhin ist die virtuelle Arbeitsform schon lange bei „Netzwerk" üblich. Nicht alle Führungskräfte waren allerdings miteinander bekannt, was ein Grund sein könnte. Zudem waren alle Projektgruppenmitglieder nicht nur mit diesem Projekt betraut, sondern auch in andere, ebenfalls sehr anspruchsvolle Aufgaben, eingebunden. Ich vermute, alle Beteiligten standen unter Druck. In so einer Situation führt jede zusätzliche Irritation – wie die Unzufriedenheit mit der Kommunikation — zu einer Eskalation. Die Zusammenarbeit auf Distanz ist deutlich störungsanfälliger, wodurch sich die Probleme schneller manifestierten und rascher für schlechte Ergebnisse sorgen.
- Peter Dressler reagierte professionell, indem er auf die Probleme in der Zusammenarbeit ohne Vermeidungsverhalten eingegangen ist. Er nahm sich Zeit für eine persönliche Analyse und zeigte sich offen für Beratung und sogar Kritik durch die Projektgruppe. Das machte es ihm möglich, sein – nicht unter allen Aspekten gelungenes – Führungsverhalten zu überdenken. Dabei hat er auch den anderen Führungskräften angemessenen Raum gegeben, um sich zu artikulieren und die Lösung mitzugestalten. Aus meiner Sicht nutzt Herr Dressler während der Lösungsphase seine Führungskompetenzen umsichtig und selbstkritisch im Sinne der Arbeitsaufgabe. Der Einsatz der Kommunikationsberaterin ist positiv einzuschätzen, weil Herr Dressler sich

schnell seiner fachlichen Grenzen bewusst wird. Zudem sind die Kenntnisse über virtuell arbeitende Teams nicht selbstverständlich vorauszusetzen. Allerdings muss im Unternehmen für Fachberatung ein Budget zur Verfügung stehen, wie es hier der Fall war.

- Durch den mehrstufigen Aktionsplan ist es Herrn Dressler gelungen, die Gesprächs- und Veränderungsbereitschaft in der Projektgruppe wieder herzustellen. Erfreulich war es, dass selbst spröde Führungskräfte (Herr Schneider und Herr Müller) sich innerhalb kurzer Zeit besonnen haben. Die Voraussetzung dafür war einerseits Herrn Dresslers unbeirrbare Führung in Richtung „erfolgreiche Aussprache". Anderseits haben auch die Führungskräfte durch ihre ehrliche Rückmeldung in den Feedback-Gesprächen einen wichtigen Beitrag zur Lösung geleistet. Herr Dressler hatte zudem einen echten Glücksfall zu verzeichnen: Die engagierte Melanie Mayer hat die Neuausrichtung der Zusammenarbeit tatkräftig und ohne Eitelkeit unterstützt.

- Virtuelle Teams sind nicht mit klassischen Teams gleichzusetzen, da die soziale Interaktion durch elektronische Medien übernommen werden muss. So bauen sich schnell Barrieren zwischen den Menschen auf, die die Technik nicht (oder nicht mehr) beseitigen kann. Folglich sind die Arbeitsmethoden kritisch zu prüfen, ob sie den Anforderungen der Zusammenarbeit auf Distanz gerecht werden und möglichst wenig Barrieren verursachen. Eine Intensivierung bestehender Kontrollmechanismen (wie häufige Statusreporte) ist kontraproduktiv – wie der Fall gezeigt hat. Das Team empfand die Abfragen als Gängelung. Peter Dressler hatte sich mit den Besonderheiten virtueller Teams noch nicht beschäftigt. Offensichtlich konnte er seine Defizite bisher intuitiv ausgleichen. Im Fallbeispiel ist dies nicht gelungen, worauf er zumindest gedanklich hätte vorbereitet sein müssen. Er hatte bisher noch nicht verstanden, dass es zu seinen Aufgaben gehört, für die gelungene Kommunikation durch passende Kommunikationsstrukturen und -medien zu sorgen.[14]

**Fazit**
- Die erfolgreiche Zusammenarbeit auf Distanz erfordert noch mehr Aufmerksamkeit von der Führungskraft als die konventionelle Arbeitssituation in Präsenzteams. Die Projektmitglieder können sich nicht direkt, zeitgleich und ohne Medien miteinander austauschen. Kommunikation und Kooperation sind durch diese Barrieren grundsätzlich erst einmal nur – negativ betrachtet – unter schwierigeren Bedingungen möglich als im Präsenzbetrieb. Positiv ausgedrückt: Kommunikation und Kooperation erfolgen nicht mehr spontan, sondern können in einem bewussten Prozess gestaltet werden. Das Definieren und Umsetzen dieses Prozesses ist Teil der Managementaufgabe. Zu berücksichtigen sind die verschiedenen Betrachtungsebenen: die Technik, die Arbeitsaufgabe in den Bereichen Planung, Umsetzung und Ergebnisbeobachtung, sowie das Erlernen der geforderten Verhaltensveränderungen.

---

[14]Reichwald, R./ Möslein, K. [14];  Müller, S./ Flaig, W. [9].

- Diese Managementaufgabe kann von der Projektleitung bzw. der Führungskraft in der Linie mehr oder weniger gut auf die Bedürfnisse der Gruppe abgestimmt sein. Im Praxisfall ist der Informationsfluss von der guten Anpassung der Medien an die Kommunikationsbedürfnisse aller im Team unmittelbar betroffen, weil die benötigten Informationen nicht, nicht vollständig oder schlecht verständlich ausgetauscht werden. Das gegenseitige Vertrauen leidet unter diesen Umständen und es kommt verblüffend schnell zum Leistungsabfall im Projektteam.
- Schwächen virtueller Team lassen sich durch günstige Rahmenbedingungen (vertrauensvoller Kontakt zwischen den Kollegen, etc.) gelegentlich ausgleichen, wie es Peter Dressler bisher bei früheren Projekten gelungen ist. Sind die positiven Rahmenbedingungen und Einflüsse nicht – oder nicht mehr – verfügbar (z. B. durch eine neue Zusammenstellung der Projektgruppe wie im aktuellen Praxisfall), kann sich aus banalen Missverständnissen schnell eine Eskalationssituation entwickeln. Die Anpassung der Arbeitsweise an die Besonderheit der virtuellen Zusammenarbeit ist folglich nicht als Luxus einzuschätzen, sondern ist eine unerlässliche Grundlage.
- Aus meiner Sicht wird man der Realität der Führungskräfte nicht gerecht, wenn man voraussetzt, dass während anstrengender Geschäftsreisen bei den Betroffenen ausreichend Zeit und Energie bleibt weitere Aufgaben in virtueller Kooperation zu erledigen. Die Aufgabe von Peter Dressler muss es folglich sein, besondere Unterstützung zu bieten (Prozesse, Aufgabenpakete, Technik), um Fokus und Qualität aller im Projekt sicher zu stellen. Die häufigen Statusabfragen zeigen, dass Peter Dressler diese Herausforderung verstanden hat – nur sein Lösungsweg war für die Situation ungeeignet und erzeugte Unmut in der Gruppe.
- Als Verantwortlicher ist man auch bei vollzogener Organisationsentwicklung gut beraten, die Arbeitsprozesse und die Ergebnisse kontinuierlich in Bezug auf Störungen zu prüfen bzw. an die aktuellen Bedürfnisse der Gruppe anzupassen. Neben innovativen Tools ist mehr Zeit für Kommunikation zwischen Projektleitung und den Mitarbeitern nötig, um dauerhaft erfolgreich zu bleiben.
- Es ist sinnvoll, klassische Lösungs- oder Prüfszenarien „in petto" zu haben. Sie können als Grundlage dienen, um rasch mit geeigneten Aktionen nach Bedarf auf die konkreten Geschäftsanforderungen zu reagieren. So spart man Zeit und Nerven (bei sich und anderen). Wie der Praxisfall zeigt: Es ist ein Irrglaube, dass Mitarbeiter mit einer höheren Verantwortung (Qualifikation) automatisch besser für die virtuelle Zusammenarbeit geeignet sind.[15]

**Was nehmen Sie mit?**
Sie haben den Praxisfall von Peter Dressler aus verschiedenen Perspektiven reflektiert. Bitte fassen Sie nun Ihre stärksten Eindrücke zusammen, um so Ihre Gedanken und Lernfortschritte zu dokumentieren. Das Arbeitsblatt hilft Ihnen dabei, in der Chronologie des Praxiskapitels vorzugehen:

---

[15]Remdisch, S. [16].

**Erster Schritt: Licht ins Dunkel**
1. Diagnose stellen:

...................................................................................................

...................................................................................................

2. Vergleich: Vor und nach der Reflexion mit dem Soziogramm

...................................................................................................

...................................................................................................

**Zweiter Schritt: Checkpoint/Kontrollpunkt**

  1. .............................................................................................

  2. .............................................................................................

  3. .............................................................................................

**Dritter Schritt: Praxisgerechte Maßnahmen ableiten**
1. Gesprächskultur weiter entwickeln

...................................................................................................

...................................................................................................

2. Informationsfluss verbessern

...................................................................................................

...................................................................................................

## 2.4    Kooperation im globalen Geschäftsmodell

### 2.4.1    Praxisfall

**Praxisfall**

Der international agierende Mittelständler „Global" produziert elektronische Bauteile. „Global" hat in den letzten Jahren zwei Unternehmen gekauft, um eine eigene Entwicklungsabteilung und weitere Produktionsanlagen vorzuhalten. Die Integration der beiden Akquisitionen wurde ohne spezifische Maßnahmen zur Organisations- oder Personalentwicklung vollzogen. Man wollte in der Entwicklung unkompliziert Know-how zukaufen und in der Fertigung günstiger produzieren. Die Entwicklung der IT-gestützten Bauteile erledigt man überwiegend in den USA (Kalifornien), während die Produktion im Süden von China bei Shenzhen erfolgt. Nach über einem Jahr zeigten sich immer mehr Störungen in der Zusammenarbeit. Lag es an der Distanz, der Kultur, den Menschen oder am Organisationsmodell?

„Global" verfolgt eine Wachstumsstrategie. Die Fertigungsanlagen in Deutschland sind gut ausgelastet, um komplexe Bauteile, Prototypen oder kleinere Stückzahlen herzustellen. Die deutsche Entwicklungsabteilung bleibt bestehen, da man das wertvolle Wissen der Experten nicht verlieren möchte. Da sich Qualitäts- und Prozessschwierigkeiten mit den Kollegen in den USA häufen, ist die Geschäftsführung froh auf diesen „Fels in der Brandung" jederzeit zurückgreifen zu können.

Ein klares Zusammenarbeitsmodell zwischen der Entwicklungsabteilung in Deutschland und den USA gibt es noch nicht. Man plant fall- und projektweise die Ressourcen beider Standorte ideal für das Unternehmen zu nutzen. Der amerikanische Entwicklungschef, Jeff Peterson, und der Leiter der deutschen Entwicklungsabteilung, Sven Maierhöfer, sind hierarchisch auf der gleichen Ebene. Der Geschäftsführer Mark Breitensteiner von „Global" hielt es für wichtig, die kollegiale Zusammenarbeit zu betonen, um mögliche Reibungsflächen von vorne herein zu vermeiden. Er wünschte sich modernes Teamwork, bei dem innovative Ideen ohne Vorbehalte ausgetauscht werden – einen „Think Tank", wie er seiner Führungsmannschaft bei jedem Anlass predigte.

Sven Maierhöfer fand die Zusammenarbeit zwischen den Standorten nicht partnerschaftlich. Sein Team stand den Ergebnissen aus den USA kritisch gegenüber: Meist erhielt man wenig Informationen über die Aktionen, am Ende lieferten die Kollegen eher unterdurchschnittliche Qualität – und das Ganze nicht selten viel später als angekündigt. Trotzdem waren die amerikanischen Kollegen so selbstbewusst, dass Jeff Peterson keinerlei Verbesserungsvorschläge akzeptieren wollte. Herr Maierhöfer konnte dessen störrisches Verhalten per Mail oder in den Telekonferenzen bisher nicht anders interpretieren. Für Mark Breitensteiner blieb Sven Maierhöfer der engste Ansprechpartner, von dem er erwartet, die Amerikaner im Sinne der Unternehmensziele anzuleiten. Bei Herrn Maierhöfer herrscht allerdings Ratlosigkeit, wie die Zusammenarbeit über „den großen Teich" im Alltag gelingen kann.

Das Zusammenspiel mit der Fertigungsanlage in China ist eindeutig geregelt: es werden kostengünstig in hoher Stückzahl Standardprodukte hergestellt und an die Kunden in der ganzen Welt verschifft. Die deutschen Fachleute erhielten vom Geschäftsführer das Mandat, die Qualität und Effizienz in China noch weiter zu steigern. Der chinesische Fabrikleiter, Tian Wu, berichtete deshalb an den Vice President Production von „Global" in der deutschen Zentrale.

Große Erfolge im Know-how-Transfer oder der gemeinsamen Prozessgestaltung konnte Stefan Unterbauer jedoch auch nach einem Jahr noch nicht vorweisen. Tian Wu war zu einem Antrittsbesuch in Deutschland und Stefan Unterbauer reiste regelmäßig nach Shenzhen. Die Beziehung war aus der Sicht von Stefan Unterbauer konfliktfrei. Herr Wu behandelte ihn mit größtem Respekt. Das war kaum zu übersehen.

Trotzdem gelang es nicht gemeinsame Qualitätskriterien so zu definieren, dass Herr Wu sie auch nachhaltig in der Fabrik umsetzte. Jedes Mal wenn Herr Unterbauer auf Besuch war, schien sich die Uhr wieder zurückgestellt zu haben. Vor Ort warteten immer die gleichen Herausforderungen auf ihn. Stefan Unterbauer fühlte sich entmutigt. Langsam stiegen Zweifel in ihm hoch, ob er der Aufgabe überhaupt gewachsen war. Vielleicht war die Distanz zwischen Deutschland und China zu groß?

Der Geschäftsführer Mark Breitensteiner wollte keine Bedenken akzeptieren. Seine Bemerkungen beim letzten Führungskräftetreffen waren eindeutig. Im Zeitalter der Globalisierung, so sagte Herr Breitensteiner, sei es selbstverständlich, dass seine Führungskräfte sich diesen Herausforderungen gewachsen fühlten. „Das ist doch keine komplette Transformation, nur weil wir jetzt Standorte im Ausland haben. Unsere Kunden kamen schon immer aus der ganzen Welt. Da klappt die Zusammenarbeit reibungslos. Wenn es mit den Kollegen im Alltag noch klemmt, dann finden Sie eine Lösung!", fasste Mark Breitensteiner seine Meinung zusammen. Die Führungskräfte sahen dies anders. Schon alleine die unterschiedlichen Informationstechnologien sorgten für große Schwierigkeiten, wusste die ganze Belegschaft.

Sven Maierhöfer und Stefan Unterbauer warfen sich vielsagende Blicke zu. Mark Breitensteiner war ein genialer Stratege. Für die „Niederungen des Alltags" zeigte er gewöhnlich wenig Affinität. Das war jetzt nicht anders. Herr Maierhöfer und Herr Unterbauer holten sich deshalb seinen Segen, um die aus ihrer Sicht nötige Organisationsentwicklung erst einmal ohne ihn zu durchdenken. Herr Maierhöfer war neugierig, welche Ideen seine Führungskräfte ausarbeiten würden. Eine Woche später saßen die beiden Manager schon als Zwei-Mann-Arbeitsgruppe in einem Besprechungsraum. Sie wollten zuerst klären, ob es bei den Problemstellungen im Kontakt mit den USA und China eine gemeinsame Leitlinie geben kann.

---

**=> Aufgabenstellung und Problemanalyse**

Das Unternehmen „Global" ist schon lange auf den internationalen Märkten aktiv. Als konsequente Weiterentwicklung dieser Strategie sind nun eine Entwicklungsabteilung in den USA und eine Fabrik in China in das Unternehmen integriert worden. Der Geschäftsführer hofft, die guten Ergebnisse im Kontakt mit den Kunden auch zwischen den verschiedenen Standorten erzielen zu können. Ein übergeordnetes Konzept für die Zusammenarbeit auf Distanz gibt es nicht. Die ersten Störungen zeigen sich deutlich. Er überlässt es seinen Führungskräften, Maßnahmen der Organisationsentwicklung vorzuschlagen. Momentan fehlen die nötigen Erfahrungen, um die Breite und Tiefe der Transformation und der benötigten Interventionen einzuschätzen. Es ist nicht klar, ob es für das deutsche Stammhaus in der Zusammenarbeit mit USA und China eine gemeinsame Leitlinie geben kann.

**Systematik: Neuland entdecken**
1. Schritt: Organisationsentwicklung planen und anstoßen
2. Schritt: Checkpoint
3. Schritt: Praxisgerechte Maßnahmen ableiten
4. Schritt: Im Rückspiegel – wie ging der Praxisfall weiter?
5. Schritt: Highlights and Lowlights im Praxisfall „Kooperation im globalen Geschäftsmodell"

Sven Maierhöfer und Stefan Unterbauer nehmen sich vor, ihr individuelles Führungsverhalten aber auch die Arbeitsprozesse im Unternehmen zu prüfen. Begleiten Sie die beiden Manager durch die nächsten Schritte:

**Ihr Lernvorteil:** Mit dieser Systematik erhalten Sie einen Leitfaden, um Ihr aktuelles Führungsverhalten im internationalen Kontext einzuschätzen. Im Mittelpunkt steht es, die anspruchsvolle Zusammenarbeit zwischen verschiedenen Kontinenten und Zeitzonen richtig einzuschätzen, um die nötigen Veränderungen in Ihrem Unternehmen anzustoßen. Ich gehe von einem digitalen Transformationsprozess aus. Damit biete ich Ihnen Anregungen zur individuellen Führungsaufgabe im internationalen Umfeld und in Bezug auf Ihre Aufgaben in der Organisationsentwicklung. Die konkrete Landeskultur Ihrer Kooperationspartner steht nicht im Vordergrund. Sie erhalten in diesem Kapitel jedoch flankierende Informationen zur gelungenen Kooperation mit den USA und China. Mein Anliegen im Rahmen des Praxisfalls ist es, Sie ergänzend zu den Anforderungen durch die virtuelle Führung für einige Besonderheiten der deutschen Arbeitskultur zu sensibilisieren.

### 1. Schritt: Organisationsentwicklung planen und anstoßen

Im Meetingraum begann Sven Maierhöfer das Gespräch mit großer Offenheit. Er sagte unverblümt zu Stefan Unterbauer: „Meine Abteilung strengt sich wirklich an. Die Zusammenarbeit mit den US-Kollegen ist für uns jedoch eher Frust als Lust. Wie läuft das bei Dir mit den Partnern in China?"

Herr Unterbauer war genauso ehrlich: „Es läuft schlecht. Meine Mitarbeiter und ich sind im Grunde täglich mit der Fabrik in China befasst. Trotzdem gelingen uns keine echten Fortschritte in der Zusammenarbeit. Die Zielerreichung bleibt wie bei Dir hinter unseren Erwartungen zurück. Langsam geht uns die Motivation aus."

Die Parallelen in beiden Abteilungen waren augenscheinlich. Das war ein unerwartetes Aha-Erlebnis für die Führungskräfte. Begleiten Sie die beiden Kollegen bei deren Reflexion in den nächsten vier Abschnitten:

a) Situation beschreiben
b) Realistische Ziele auf der Arbeitsebene erkennen
c) Barrieren definieren
d) Lösungswege festlegen

**a) Situation beschreiben**

Sven Maierhöfer und Stefan Unterbauer erstellen eine Zehn-Punkte-Liste, die ausgewählte Schmerzpunkte in der Arbeit auf Distanz in beiden Abteilungen sammelt. Herr
Maierhöfer und Herr Unterbauer diskutieren lange über die einzelnen Themen. Natürlich
verbergen sich hinter den Schlagwörtern individuelle Arbeitssituationen beider Abteilungen, die sich auch mit einem starken Willen zur Abstraktion nicht über einen Kamm
scheren lassen. Die Manager waren allerdings über die Gemeinsamkeiten der täglichen
Herausforderungen überrascht, was die Konsequenzen in Bezug auf die Zielerreichung,
Termine und Budgets anbelangte.

Als die Liste fertig war, beschrieb sie aus der Sicht der Führungskräfte die Lage beider Abteilungen zutreffend. Lesen Sie in der Abb. 2.17 das Ergebnis:

**Hintergrundwissen Organisationsentwicklung und Change**[16]
Die Innovationssprünge in der Kommunikationstechnik und Informatik verändern unsere Arbeitswelt, wie auch der Praxisfall illustriert. Plötzlich soll täglich
mit Kollegen in China und den USA so gearbeitet werden, wie früher mit den
Menschen im gleichen Büro. Die Zeit ist dabei ebenso begrenzt wie früher, wenn
nicht sogar noch knapper. Dabei steht die Veränderung der Organisationsform von
Unternehmen im Hintergrund: von einer hierarchischen Ordnung von mehr oder
weniger unabhängigen Divisionen hin zu einem Netzwerk, das Informationen aus-
tauscht und flexibel reagiert. Das ist nötig, um dem steigenden Wettbewerbsdruck
zu begegnen. Die Herausforderung liegt dabei, die Menschen auf diesem Weg in
den „ständigen Wandel" und die immer unterschiedlicheren Aufgaben mitzuneh-
men. Ein Patentrezept gibt es dafür natürlich nicht. Der Fall zeigt jedoch, dass es
wichtig ist, diesem Punkt Beachtung zu schenken, wenn man nachhaltig erfolgreich sein möchte. Es geht darum, den beteiligten Menschen ein intaktes soziales
Arbeitsumfeld anzubieten, bzw. es gemeinsam mit ihnen zu gestalten. Klassische
Spielregeln in Unternehmen, was Kontrolle oder Motivation angeht, müssen auf
den Prüfstand gestellt und – wenn nötig – neu bedacht und angepasst werden.

---

[16]Doppler, K./Lauterburg, C. [2].

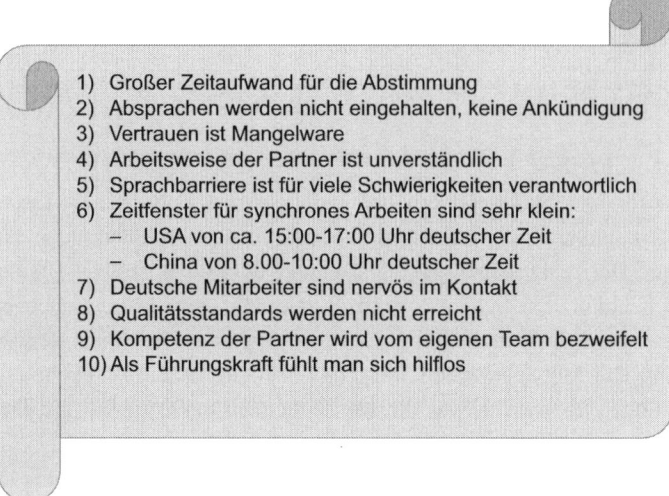

1) Großer Zeitaufwand für die Abstimmung
2) Absprachen werden nicht eingehalten, keine Ankündigung
3) Vertrauen ist Mangelware
4) Arbeitsweise der Partner ist unverständlich
5) Sprachbarriere ist für viele Schwierigkeiten verantwortlich
6) Zeitfenster für synchrones Arbeiten sind sehr klein:
   – USA von ca. 15:00-17:00 Uhr deutscher Zeit
   – China von 8.00-10:00 Uhr deutscher Zeit
7) Deutsche Mitarbeiter sind nervös im Kontakt
8) Qualitätsstandards werden nicht erreicht
9) Kompetenz der Partner wird vom eigenen Team bezweifelt
10) Als Führungskraft fühlt man sich hilflos

**Abb. 2.17**  Liste der Schmerzpunkte in der Arbeit auf Distanz

### b) Realistische Ziele auf der Arbeitsebene erkennen

Nach einer Tasse Kaffee und etwas Small Talk, setzen Sven Maierhöfer und Stefan Unterbauer die Reflexion fort. Die erfahrenen Führungskräfte hatten sich schon öfter gefragt, was man ein Jahr nach der Integration einer amerikanischen Entwicklungsfirma bzw. einer chinesischen Fabrik in das Unternehmen „Global" von der Zusammenarbeit fordern dürfte.

Jetzt ging es darum, den angestrebten Sollzustand in praxisnaher, realistischer Form zu skizzieren. Diese Ziele notierte Stefan Unterbauer spontan in Form eines Brainstormings auf dem Flipchart (Abb. 2.18)

Sven Maierhöfer nickte zu allen Punkten, denn er war inhaltlich einverstanden. Dann beginnt er einen spontanen Gedanken vorzutragen. Er fragt seinen Kollegen: „Was sind die größten Klippen, um diese Ziele zu erreichen? Ist das eher die Kultur, die Distanz und die verschiedenen Zeitzonen oder eine Mischung aus beidem?"

Stefan Unterbauer sah Sven Maierhöfer nachdenklich an bis er sagte: „Gestern hätte ich wahrscheinlich noch geantwortet, dass die Kulturunterschiede unsere größte Herausforderung sind. Das kommt daher, weil der wahrgenommene Unterschied zwischen den Fabriken in Deutschland und China für mein Team so augenscheinlich ist. Seit wir beide gemeinsam über die Sache nachdenken, merke ich: Dir geht es mit den USA-Projekten genauso. Es macht sich bei mir deshalb ein anderer Eindruck breit. Viele Schwierigkeiten könnten wir effizienter lösen, wenn die räumliche Distanz und der Zeitunterschied nicht so groß wären."

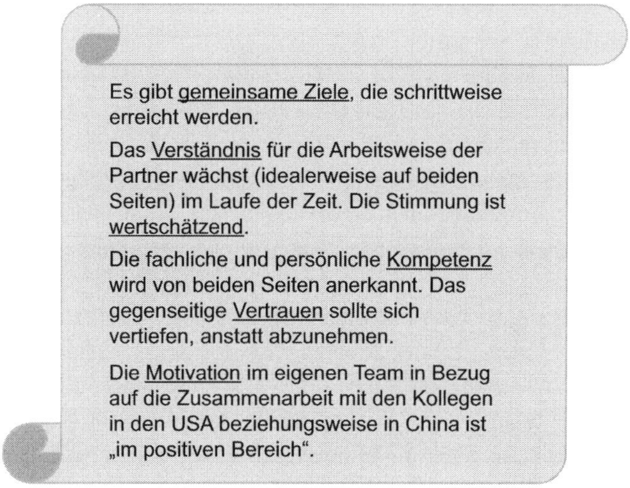

> Es gibt gemeinsame Ziele, die schrittweise erreicht werden.
>
> Das Verständnis für die Arbeitsweise der Partner wächst (idealerweise auf beiden Seiten) im Laufe der Zeit. Die Stimmung ist wertschätzend.
>
> Die fachliche und persönliche Kompetenz wird von beiden Seiten anerkannt. Das gegenseitige Vertrauen sollte sich vertiefen, anstatt abzunehmen.
>
> Die Motivation im eigenen Team in Bezug auf die Zusammenarbeit mit den Kollegen in den USA beziehungsweise in China ist „im positiven Bereich".

**Abb. 2.18** Zielsetzung

Sven Maierhöfer stimmte seinem Kollegen zu. Sein Team merkte immer deutlicher, wie groß der Unterschied zwischen der deutschen und der nordamerikanischen Arbeitskultur war. Zu Beginn hatte niemand intensiv darüber nachgedacht, denn man fühlte sich der amerikanischen Lebensart durch Sprachkenntnisse, Erfahrungen im Urlaub und die täglich präsenten Hollywood-Filme nahe.

Das erwies sich allerdings als Fehler, so viel war Sven Maierhöfer inzwischen klar. „Wir haben die interkulturellen Lernfelder unterschätzt", begann er. „Ich glaube, dass die räumliche Distanz in der Zusammenarbeit für die meisten Missverständnisse sorgt. Wir wären fachlich und persönlich mit den neuen Kollegen schon weiter, könnten wir auf dem kleinen Dienstweg, z. B. bei einem Kaffee, eine Aufgabenstellung klären oder unkompliziert mit dem ganzen Team den Projektstatus diskutieren. Die Distanz ist der Killer vieler Initiativen."

Stefan Unterbauer schmunzelte. „Da muss uns beiden eine gute Lösung einfallen, denn die tektonischen Platten der europäischen, amerikanischen und asiatischen Kontinente werden so schnell nicht näher zusammenrücken", meinte er mit Humor. So beschlossen die Führungskräfte, die Herausforderungen für beide Abteilungen unter den Aspekten

- Kulturunterschiede und
- virtuelle Zusammenarbeit

zusammenzufassen.

**Hintergrundwissen Megatrends[17]**

Die beiden Führungskräfte im Praxisfall verknüpfen bei ihrem Vorgehen intuitiv zwei Megatrends: Globalisierung und Digitalisierung. Das entspricht der allgemeinen Betrachtung in der Praxis wie der Wissenschaft. Die weltweite ökonomische Verflechtung gilt als die Ursache für den immer stärker werdenden Einsatz von Informations- und Kommunikationstechnologien am Arbeitsplatz. So lassen sich Transport- und Kommunikationskosten reduzieren. Das ist im internationalen Wettbewerb der wichtigste Erfolgsfaktor. So kommt es, dass sich die beiden Megatrends gegenseitig immer weiter verstärken. Das Unternehmen „Global" kann durch die Firmenzukäufe die internationalen Kunden kostengünstiger bedienen. Nun müssen nötige Schritte im Unternehmen folgen: Führungskompetenzen für diesen Anwendungsfall aufbauen, Instrumente für die virtuelle Zusammenarbeit bereitstellen und bedienen, Kontextwissen über interkulturelle Kommunikation, etc.

Herr Unterbauer und Herr Maierhöfer nahmen sich vor, ein professionelles Lastenheft für die Zusammenarbeit mit den Partnern in den USA und China zu erstellen. Dieses Instrument aus dem Projektmanagement wurde bei „Global" für die operative Aufgabenplanung eingesetzt.

Bei den Abteilungsleitern bestand kein Zweifel mehr: die Arbeitsweise musste sich in einigen Punkte grundsätzlich verändern. Auf der persönlichen Ebene ihrer täglichen Führungsmaßnahmen ebenso, wie in Bezug auf die Strukturen im Unternehmen. Das Lastenheft wollten die Manager nutzen, um anhand eines roten Fadens die wichtigen Punkte zu bedenken und für den Geschäftsführer Mark Breitensteiner eine Entscheidungsvorlage zusammenzustellen.

Es war unverzichtbar, messbare Ziele zu definieren um die Fortschritte überprüfen zu können. Die Führungskräfte nutzen die S.M.A.R.T.-Systematik. Lesen Sie in unten, was das genau bedeutet:

**Hintergrundwissen: S.M.A.R.T.e Ziele[18]**

Um im Projektmanagement klare, mess- und überprüfbare Ziele zu formulieren, arbeiten viele Unternehmen mit dieser fünfstufigen Systematik:

---

[17]Bertelsmann Stiftung. [1]; Müller, S./ Flaig, W. [9].
[18]Müller, S./Semsey, S. [11].

| S | steht für | Specific | = | spezifisch |
| M | steht für | Meassurable | = | messbar |
| A | steht für | Attractive | = | ansprechend |
| R | steht für | Reasonable | = | realistisch |
| T | steht für | Time-bound | = | terminiert |

Ein Ziel ist nur dann S.M.A.R.T., wenn alle fünf Kriterien erfüllt sind. Ist diese Voraussetzung erfüllt, können operative wie strategische Ziele mit diesem Vorgehen festgelegt werden.

Die Manager prüften die Notizen am Flipchart kritisch. Die dort aufgeführten Ziele waren ihnen auch auf den zweiten Blick noch wichtig. Mit Blick auf die S.M.A.R.T.-Systematik mussten die Herren allerdings zugeben: die aufgeführten Punkte waren leider noch nicht griffig genug formuliert. Es fehlten wichtige Angaben, um die Umsetzung im Rahmen eines Managementprozesses erfolgreich zu steuern. Sie mussten die Zielbeschreibung überarbeiten, um die ohnehin schwierig zu quantifizierenden Ziele messbar zu formulieren. Vergleichen Sie unten die erste Version der Zielbeschreibung mit der überarbeiteten Version nach den S.M.A.R.T.-Kriterien:

**Bisherige Version der Zielbeschreibung**
- Es gibt gemeinsame Ziele, die schrittweise erreicht werden
- Das Verständnis für die Arbeitsweise der Partner wächst (idealerweise auf beiden Seiten) im Laufe der Zeit. Die Stimmung ist wertschätzend. Die fachliche und persönliche Kompetenz wird von beiden Seiten anerkannt. Das gegenseitige Vertrauen sollte sich vertiefen, anstatt abzunehmen.
- Die Motivation im eigenen Team in Bezug auf die Zusammenarbeit mit den Kollegen in den USA beziehungsweise in China ist „im positiven Bereich"

**Überarbeitete Version der Zielbeschreibung**
**Ziele erreichen**
- Jeden Monat definieren die **benannten Projektverantwortlichen aus Deutschland, USA und China** bis zum **vierten Tag der Arbeitswoche** die operativen Ziele gemeinsam.
  - Die drei bis fünf wichtigsten Ziele werden benannt.
  - Sie werden im Projektplan dokumentiert und bei Bedarf laufend aktualisiert: Haupt- und Nebenziele, Termine, Beteiligte, Verantwortliche(r), Budget.
  - Die Zielerreichung wird jede Woche nachgehalten (siehe unten).

**Vertrauen und Wertschätzung fördern**

- Termintreue bei der Zielerreichung ist unsere **gemeinsame** Priorität im Umgang miteinander, um das gegenseitige Vertrauen zu stärken.
    - Wir diskutieren dazu mit jedem Teammitglied, was dies konkret in der Zusammenarbeit für die eigenen Aufgaben bedeutet.
    - Der Projektplan ist für alle betroffenen Mitarbeiter verbindlich, nicht nur für die Kollegen in Deutschland. Wir informieren uns gegenseitig durch Notizen im Projektplan (oder durch andere geeignete Kommunikationskanäle) innerhalb von 24 h über veränderte Rahmenbedingungen, aktuelle Entscheidungen oder verspätet eingereichte Ergebnisse.
    - Wir legen innerhalb der Teams in Abstimmung mit allen Teammitgliedern geeignete Erinnerungssysteme fest, deren Missachtung auch für alle Teammitglieder Konsequenzen hat (in Form einer abzugebenden Erklärung für die Verspätung an die Führungskraft und das gesamte Team).
    - Das elektronische Format und die effiziente Nutzung des Projektplans und der Erinnerungen wird allen im Team – unabhängig vom Reifegrad in Technik oder Projektmanagement – kontinuierlich erklärt.

**Mitarbeitermotivation in allen Ländern stärken**

- Wir stärken die Motivation unserer Mitarbeiter in Deutschland, indem wir die Verbindlichkeit der Absprachen mit den Kollegen in China und den USA erhöhen (siehe oben)
    - Wir sichern und unterstützen die Motivation der Mitarbeiter in Deutschland durch praxisorientiertes, interkulturelles Wissen in Form eines Zwei-Tages-Seminars innerhalb der nächsten sechs Monate.
    - Die Teilnehmer evaluieren den Workshop mindestens mit „gut", sonst wird eine andere/weitere Maßnahme geplant.
- Vergleichbare Workshops zur Zusammenarbeit im internationalen Kontext werden ebenfalls innerhalb der nächsten sechs Monate in USA und China abgehalten.
    - Das Ziel ist es, über die Werte der deutschen Arbeitskultur zu informieren und die Teilnehmer zu den Unterschieden und Gemeinsamkeiten mit ihrer Heimatkultur zu sensibilisieren.
    - Durch besseres gegenseitiges Verständnis versuchen wir einen Beitrag zur Motivation zu leisten.
    - Die Kosten übernimmt die Zentrale.
    - Die Teilnehmer evaluieren den Workshop mindestens mit „gut", sonst wird eine andere/weitere Maßnahme geplant.
- Im nächsten Schritt (innerhalb der nächsten neun Monate) werden mit ausgewählten Arbeitsgruppen aus Deutschland und den USA bzw. Deutschland und China „Projektentwicklungsworkshops" stattfinden.
    - In jedem Land ist mindestens ein Workshop geplant, d. h. mindestens ein Workshop in Deutschland, in den USA und in China.

- Die Teilnehmer werden von den betroffenen Führungskräften in den Ländern nominiert.
- Die Veranstaltungen werden von einem qualifizierten Moderator begleitet.
- Thema ist die gegenseitige Auftragsklärung/das Erwartungsmanagement, sodass motivierende Momente aller Beteiligter benannt und durch das gegenseitige Verhalten verstärkt werden.
- Die Maßnahmen finden in Präsenz statt. Entsprechende Dienstreisen zwischen Deutschland, USA und China werden in Zusammenhang mit anderen, nötigen Meetings kombiniert.
- Die Teilnehmer evaluieren die Workshops. Wenn die Ergebnisse aus der Sicht der Teilnehmer nicht mindestens mit „gut" einzuschätzen sind, wird eine andere/weitere Maßnahme geplant.
- **Die Kosten** werden zwischen den Organisationseinheiten geteilt.

Es erforderte mehr Zeit und Mühe als gedacht, die drei Ziele konkreter zu formulieren. Die Hauptziele wurden in Unterziele unterteilt und durch konkrete Inhaltspunkte bzw. Maßnahmen beschrieben. Die beiden Manager beschränkten sich dabei auf dringliche Schritte für die beiden Abteilungen. Weitere Möglichkeiten wurden in der Diskussion genannt, blieben in der Planung jedoch erst einmal unberücksichtigt. Die Abteilungsleiter wollten Prioritäten setzen.

Stefan Unterbauer kommentierte drei Stunden später das Ergebnis, das jetzt auf die Länge mehrerer Flipcharts angewachsen war: „Da merkt man, wie abstrakt wir uns ausdrücken. Kein Wunder, dass es mit den internationalen Kollegen zu Missverständnissen kommt. Es hilft uns, wenn wir unsere Ideen präzise und verständlich für alle Betroffenen formulieren. Das müssen wir im Auge behalten." Sven Maierhöfer sagte ergänzend: „Es ist wichtig, alle Initiativen in Bezug auf die nötigen Voraussetzungen, Konsequenzen und vor allem den Praxisnutzen für Abteilungen mit Teams in verschiedenen Ländern zu durchdenken."

Nun entsprechen die gesetzten Ziele den Ansprüchen der SMART-Systematik. Im Anschluss erstellen Stefan Unterbauer und Sven Maierhöfer das Lastenheft für ihren Vorschlag zur Organisationsentwicklung von „Global". Sie fanden es wichtig, eine Marschroute zu skizzieren, die mit allen Kollegen in Deutschland, USA und China besprochen werden konnte:

**Lastenheft „Virtuelle Zusammenarbeit mit USA und China"**
1. **Ausgangssituation**
   Unzufriedenheit mit den aktuellen Ergebnissen der Kooperation mit USA und China
2. **Zielsetzung** gemäß der S.M.A.R.T.-Kriterien (siehe oben)
3. **Die internationale Zusammenarbeit soll den gewünschten Geschäftsbeitrag für das Unternehmen erzielen**

- Strategische Ziele durch die Geschäftsleitung
- Operative Ziele werden gemeinsam festgelegt
- Umsetzung im Tagesgeschäft erfolgt in Absprache
- Störfaktoren werden identifiziert und bearbeitet

4. **Zusammenarbeitsmodell mit USA und China konkret ausformen**
- Ebene der Organisation
- Ebene der Führungskräfte
- Ebene der Mitarbeiter

5. **Phasenplanung und Meilensteine der Organisations- und Personalentwicklung**
- Vorstellen und Freigabe des Programms bei der Geschäftsleitung
- Freigabe von der Geschäftsleitung
- Diskussion, Feedback und Nachjustierung des Programms
  - durch die betroffene Mitarbeiter in Deutschland
  - durch die Partner in den USA
  - durch die Partner in China
- Interkulturelles Wissen auf beiden Seiten aufbauen und in der Zusammenarbeit einsetzen
- Neue Arbeitsmethoden in Bezug auf virtuelle Zusammenarbeit in kultursensibler Weise einbringen (z. B. wann sind Videokonferenzen wirklich sinnvoll?)
- Erfolgsmessung im Tagesgeschäft festlegen
- Erfolgsmessung nach Einzelmaßnahmen (direkt nach den Workshops)
- Rückkopplung der Erfolgsmessung für die weiteren Schritte

6. **Offene Punkte, die noch zu klären sind**
- Verantwortung/Rollen, Budgets, konkreter Zeitplan

7. **Abnahmekriterien und Qualitätsanforderungen**
Prozess
- Absprachen gelingen
- Termintreue in der Projektarbeit
- Zielerreichung im Arbeitsalltag (Termine) verbessert sich
Inhalt
- Positive Evaluationsergebnisse zu den Workshops und Trainings
- Motivation der Mitarbeiter steigt
- Zielerreichung im Arbeitsalltag (Qualität) steigt

Am Ende des Konzepttages gingen Herr Maierhöfer und Herr Unterbauer zusammen Abendessen. Ein Zwischenfazit war schnell formuliert. Das Treffen ermöglichte einen intensiven Gedankenaustausch, bei dem wertvolle Ergebnisse entstanden. Nun wollten sie ihre Arbeitsweise mit Blick auf das Verbesserungspotenzial reflektieren:

**Diese Punkte fielen bei der Ergebnisevaluation auf**

- Beide Kollegen merkten, dass sie die Tendenz hatten, sich ohne Datengrundlage „etwas vorzustellen". Konkrete Informationen zu den Erwartungen und der Arbeitssituation in den USA und China fehlten, was die Herren jedoch nicht davon abhielt eine persönliche Meinung zu den Arbeitsumständen in den Ländern zu formulieren.
- Die eigenen Annahmen waren zudem von der Sicht der deutschen Zentrale geprägt. Herr Unterbauer und Maierhöfer ertappten sich gegenseitig dabei, wichtige Entscheidungen an der Stelle der Partner in den USA und China treffen zu wollen. „Ein gleichberechtigtes Miteinander sieht anders aus. Da müssen wir unseren Horizont noch erweitern. Das ist eine spürbare Schwäche auf unserer Seite. Ein Umdenken ist wahrscheinlich bei allen Kollegen in Deutschland nötig.", kommentierte Stefan Unterbauer die Reflexion.
- Sven Maierhöfer ergänzte lachend: „Fällt Dir etwas auf? Wir haben spontan die Schwachstellen an den Anfang unserer Reflexion gestellt. Ich glaube, das ist ein typisch deutscher Ansatz. Auch daran sollten wir arbeiten, damit wir auch die Stärken unserer Arbeit im Blick haben und verbal wertschätzen." Stefan Unterbauer stimmte sofort zu. Er stellte im Anschluss weitere Fragen:

Wir haben uns für ein persönliches Treffen entschieden, weil wir unsere Aufgaben wichtig fanden. Was heißt das für die Zusammenarbeit mit den Partnern in den USA und China? Sind wir in der Lage, auf Distanz miteinander zu arbeiten? Welche Defizite können wir durch unser Führungsverhalten oder spezifische Arbeitspakete ausgleichen, wo benötigen wir dann andere Instrumente/Strategien?

Diese Fragen blieben erst einmal ohne Antwort. Die beiden Kollegen wollten sie jedoch später in der Konzept- und Roll-out-Phase weiter beleuchten.

- Die Entscheidung über die gewünschte Hierarchie im Unternehmen zwischen der Zentrale in Deutschland und den Töchtern im Ausland musste vom Geschäftsführer getroffen werden. Die Entscheidungsvorlage zeigte jedoch schon jetzt: Das Unternehmen benötigt für die erfolgreiche Aufgabenerledigung dringend eine Antwort zu genau dieser Frage. Sven Maierhöfer schätzte diese Erkenntnis als eine Stärke ihrer Reflexion ein:

Wir haben die Situation analysiert, die Schmerzpunkte herauskristallisiert und nötige Entscheidungspunkte benannt. Egal, welches Arbeitsmodell von der Geschäftsleitung eingesetzt wird: Wir werden die Performance unserer Abteilungen steigern, weil die Unklarheiten abnehmen. Mit diesem Ausblick bin ich zufrieden. Ich sehe das unabhängig davon, ob und welcher Veränderungsprozess auf uns zukommt.

Für beide Manager war es unstrittig, dass sie Mark Breitensteiner von der Notwendigkeit einiger Maßnahmen überzeugen würden. Fraglich war eher, auf welche Projekte oder Programme man sich einigte.

Das positive Zwischenfazit motivierte die Kollegen während des Essens darüber nachzudenken, welche Barrieren sich einem veränderten Zusammenarbeitsmodell zwischen Zentrale und den Ländern entgegenstellen könnten. Es ging ihnen dabei nicht um pessimistische Aus-

blicke à la „wahrscheinlich bleibt alles beim Alten, weil es in der Realität nicht funktioniert",
sondern vielmehr um eine solide Einschätzung zu den Erfolgsaussichten.

### c) Barrieren definieren

Stefan Unterbauer und Sven Maierhöfer wussten aus der Erfahrung, dass Ihr Geschäftsführer Mark Breitensteiner eine Aufwands- und Risikobewertung von Ihnen erwartete.
Beide Führungskräfte diskutierten diese Frage beim nächsten Teammeeting mit den Mitarbeitern ihrer Abteilungen, um frische Ideen aufzunehmen und Feedback zu erhalten.
Bei der Bewertung der aktuellen Status Quos orientierte man sich an den im Unternehmen üblichen Perspektiven für die Betrachtung:

- Kunden
- Mitarbeiter und
- die Anforderungen der Organisation in Form von Standards und Prozessen.

### Kunden: Wettbewerbsdruck gelöst durch anorganisches Wachstum

Ihre Rückmeldung schrieben die Mitarbeiter auf Metaplankarten. Sehen Sie in der
Abb. 2.19, welche Punkte genannt wurden:

### Mündliches Feedback der Mitarbeiter beider Abteilungen

- Es wurden Objekte mit viel Potenzial gekauft, das ist positiv. Die Stellung von „Global" auf allen Märkten wird dadurch stärker

**Abb. 2.19**  Feedback der Mitarbeiter in Bezug auf die Kunden

- Es fehlt allerdings eine Integrationsbegleitung für beide Seiten. Die gute Zusammenarbeit entsteht nicht von alleine

**Die Argumente sind gerechtfertigt. Begründung aus dem Praxisfall**
- „Global" hat in den letzten Jahren zwei Unternehmen gekauft, um eine eigene IT-Entwicklung und weitere Produktionsanlagen vorzuhalten. Die Integration der beiden Zukäufe wurde ohne spezifische Maßnahmen vollzogen. Man wollte im Bereich Innovation unkompliziert Know-how zukaufen und in der Produktion günstiger herstellen. (…) Es handelt sich bei „Global" um eine Wachstumsstrategie.
- USA: Die deutsche Entwicklungsabteilung bleibt bestehen, da man das wertvolle Wissen der Experten nicht verlieren möchte.
- China: Die Fertigungsanlagen in Deutschland sind gut ausgelastet, um besondere Bauteile, Prototypen oder kleinere Stückzahlen herzustellen. In der Fertigungsanlage in China werden kostengünstig Standardprodukte hergestellt und an die Kunden in der ganzen Welt verschifft.

**Mitarbeiter: deutliche Kultur- und Mentalitätsunterschiede**
Hier die Rückmeldung der Mitarbeiter auf Metaplankarten. Sehen Sie in der Abb. 2.20, welche Punkte genannt wurden:

**Mündliches Feedback der Mitarbeiter beider Abteilungen**
- USA: Die deutschen Kollegen in der Forschungsabteilung fühlten sich nicht wie gleichberechtigte Partner, sondern eher wie deren Praktikanten. Obwohl „Global" die

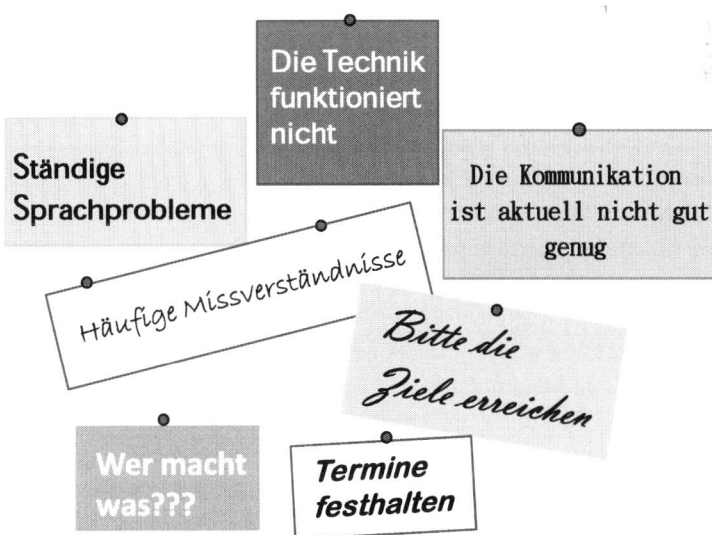

**Abb. 2.20** Feedback der Mitarbeiter in Bezug auf die Kooperation im Unternehmen mit den neuen Kollegen

amerikanische Firma gekauft hatte, kämen sich deutschen Kollegen im Mutterhaus vor als wären sie selbst die „Neuen". Das sorgte für Frustrationen. Die Kommunikation war nicht erfolgreich, weil man per E-Mail oder Telefon zwar Vereinbarungen auf kollegialer Ebene traf. Diese werden von den Amerikanern jedoch nicht eingehalten. Das deutsche Team zeigte Nerven, weil dies bisher keine Konsequenzen hatte.

Die Amerikaner reagierten meist nicht auf die E-Mails aus Deutschland, am Telefon oder in der Videokonferenz war der Kontakt durch den starken Akzent „der Amis" behindert. Die deutschen Kollegen sprachen zwar gut Englisch, waren aber nicht so gut an schnell gesprochene Umgangssprache gewöhnt. Das Team war sich nicht einig, ob sich diese Mentalitätsunterschiede durch gemeinsame Workshops lösen ließen. Alle empfahlen mehr persönliche Kontakte, um die Zusammenarbeit zu verbessern.

- **China:** Das Produktionsteam konnte sich nicht über ein zu großes Selbst- bewusstsein der Chinesen beklagen. Im Gegenteil: die respektvolle Distanz war so groß, dass die Kommunikation gar nicht erst in Gang kam. Man erhielt kaum brauchbare Auskünfte von den chinesischen Kollegen, egal zu welchem Thema und unabhängig vom Kommunikationskanal.

Videokonferenzen waren eine besondere Enttäuschung, weil außer Herrn Wu niemand etwas sagte. Dieser ging jedoch nicht auf Themen auf der Arbeitsebene ein. Die Chinesen sprachen so schlecht Englisch, dass man kaum verstand, was sie sagten. Vielleicht war dies der Grund für das Schweigen? Das Team von Stefan Unterbauer hoffe, dass sich diese Probleme durch persönliche Treffen oder Workshops ausräumen ließen. Sehr optimistisch klagen sie nicht. Die Kompetenz im Umgang mit den IT-Programmen oder der Kommunikationstechnik war ebenfalls schlecht. Zu vielen technischen Herausforderungen kamen somit noch laufend Anwendungsfehler der chinesischen Kollegen.

**Die Argumente sind gerechtfertigt. Begründung aus dem Praxisfall**
- Der Geschäftsführer Mark wünschte sich modernes Teamwork, bei dem innovative Ideen ohne Vorbehalte ausgetauscht werden – einen „Think Tank".
- **USA:** Sven Maierhöfer fand die Zusammenarbeit zwischen den Standorten nicht partnerschaftlich. Sein Team stand den Ergebnissen aus den USA kritisch gegenüber (…). Trotzdem waren die amerikanischen Kollegen so selbstbewusst, dass der Leiter der amerikanischen Entwicklung, Jeff Peterson, keinerlei Verbesserungsvorschläge akzeptieren wollte. Für Mark Breitensteiner blieb Sven Maierhöfer der engste Ansprechpartner, von dem er erwartet, die „Amerikaner" im Sinne der Unternehmensziele anzuleiten. Bei Herrn Maierhöfer herrscht allerdings Ratlosigkeit, wie die Zusammenarbeit über „den großen Teich" im Alltag gelingen kann.
- **China:** Das Zusammenspiel mit der Fertigungsanlage in China ist eindeutig geregelt. (…) Der chinesische Fabrikleiter, Herr Wu, berichtete an den Vice Precident Production von „Global" in der deutschen Zentrale. Die Beziehung war aus der Sicht von Stefan Unterbauer konfliktfrei. Tian Wu behandelte ihn mit größtem Respekt.

**Organisation: schwache Prozesse, Qualitätsschwankungen, keine Prozesssteuerung**
Sehen Sie in Abb. 2.21, was auf den Metaplankarten beider Abteilungen zu lesen war:

**Mündliches Feedback der Mitarbeiter beider Abteilungen**
- Die Technik macht uns Schwierigkeiten, denn es werden unterschiedliche IT-Programme an den Standorten genutzt. So können Informationen nicht einfach ausgetauscht werden. Das betrifft auch die Arbeit mit den Datenbanken und anderen zentralen Systemen im Intranet. Die Technik für Videokonferenzen passt nicht oder nicht gut zusammen, selbst Telefonate sind nicht ohne Störung möglich. Das kostet viele Nerven und wirkt auf uns wie eine „Bastellösung". So möchten wir nicht gerne arbeiten.
- Das Organigramm wurde von der Geschäftsleitung erweitert ohne Hierarchien zu schaffen. Die Rollen und Verantwortlichkeiten können nicht vollständig auf kollegialer Ebene geklärt werden. So gibt es niemand, der das „letzte Wort" hat und für eine schnelle Entscheidung sorgt.
- Es gibt keine durchgängigen Prozesse zwischen dem Stammhaus und den Töchtern. Gemeinsame Qualitätsstandards sind nicht vorhanden. Deshalb muss man alles – und immer wieder – mit den neuen Kollegen besprechen. Die Mentalitätsunterschiede und Sprachproblem sorgen hier für zusätzliche Barrieren.

**Abb. 2.21** Feedback der Mitabeiter in Bezug auf die Standards im Unternehmen

**Die Argumente sind gerechtfertigt. Begründung aus dem Praxisfall**

- Schon alleine die unterschiedlichen Informationstechnologien sorgten für Schwierig-keiten, wusste die ganze Belegschaft.
- **USA:** Der amerikanische Entwicklungschef, Jeff Peterson, und der Leiter der deut-schen Entwicklungsabteilung, Sven Maierhöfer, sind hierarchisch auf der gleichen Ebene. Der Geschäftsführer Mark Breitensteiner von „Global" hielt es für wichtig, die kollegiale Zusammenarbeit zu betonen, um mögliche Reibungs-flächen von vorn-eherein zu vermeiden. Meist erhielt man wenig Informationen über die geplanten Aktionen, dann eher unterdurchschnittliche Qualität – und das Ganze nicht selten viel später als angekündigt. Für Mark Breitensteiner blieb Sven Maierhöfer der engste Ansprechpartner, von dem er erwartet, die „Amerikaner" im Sinne der Unterneh-mensziele anzuleiten. Bei Herrn Maierhöfer herrscht allerdings Ratlosigkeit, wie die Zusammenarbeit über „den großen Teich" im Alltag gelingen kann.
- **China:** Große Erfolge im Know-how-Transfer oder der gemeinsamen Prozess-gestaltung mit den chinesischen Kollegen konnte Stefan Unterbauer jedoch auch nach einem Jahr noch nicht vorweisen. (…) Trotzdem gelang es nicht, gemeinsame Qualitätskriterien so zu definieren, dass Herr Wu sie auch nachhaltig in der Fabrik umsetzte. Jedes Mal wenn Herr Unterbauer auf Besuch war, schien sich die Uhr wie-der zurückgestellt zu haben: vor Ort warteten immer die gleichen Herausforderungen auf ihn.

Stefan Unterbauer und Sven Maierhöfer tauschten sich über die Qualität der Argumente aus. Auch hier fiel Ihnen auf, dass die Kritik der Mitarbeiter auf einer abstrakten Ebene starke Gemeinsamkeiten aufwies.

- Die Teams waren zufrieden mit dem Wachstum des Unternehmens und den erweiter-ten Möglichkeiten durch die Standorte in den USA und China.
- Die konkrete Umsetzung der Zusammenarbeit durch geeignete Strukturen im Unter-nehmen wurde jedoch als unzureichend eingeschätzt.
- Entsprechend negativ beschrieben die Kolleginnen und Kollegen die virtuelle Zusam-menarbeit im Tagesgeschäft mit den neuen Kollegen aus Übersee.

Im nächsten Schritt ging es den beiden Manager darum, zwischen

- grundloser Nörgelei,
- berechtigten (lösbaren) Anliegen und
- nachhaltigen Barrieren in Bezug auf die Umsetzung der Vorschläge von Herrn Unter-bauer und Herrn Maierhöfer

zu unterscheiden.

Sven Maierhöfer und Stefan Unterbauer baten die Kommunikationsleiterin des Unternehmens als neutrale Beraterin diesen wichtigen Validierungsschritt zu begleiten.

Dieser Schritt empfahl sich, weil sowohl Zeit wie Budget für einen externen Berater fehlte. Zudem bevorzugten die Herren die interne Expertin, um vom Unternehmenswissen von Anna Ziegler zu profitieren. Sie war bei allen zusätzlich sehr geschätzt für ihre Erfahrungen in der Organisationsentwicklung. Anna Ziegler sammelte diese Expertise über einige Jahre bei früheren Arbeitgebern und galt deshalb auch als „sturmerprobt". Anna Ziegler nahm sich gerne die Zeit und schlug eine mehrstufige Arbeitsweise vor:

- Vergleich der Rückmeldungen zwischen Entwicklungsabteilung und Produktion
- Erstellung eines Zwischenfazits und Abgleich mit der Einschätzung der beiden Manager
- Plausibilitätscheck durch Frau Ziegler

**Ergebnis der Validierung**
**Voraussetzung**
Die beiden Führungskräfte und Frau Ziegler schätzten die Anliegen ihrer Teams als gerechtfertigt ein. Somit musste das Feedback der Mitarbeiter in das Konzept eingearbeitet werden.

**Nächster Schritt**
Die Kollegen entschieden sich dafür, die Entscheidungsvorlage anzupassen. Die zahlreichen Störfaktoren für das gute Gelingen der Maßnahmen sollten dem Geschäftsführer vorgestellt werden. Besonders den Punkt „Organisation" nahmen die Führungskräfte noch breiter als bisher in ihre Argumentation auf. Die fehlende Harmonisierung der Technik zwischen den Standorten wurde als Hauptproblem von Frau Ziegler herausgestellt. Diesen Punkt hatten die beiden Führungskräfte bisher gedanklich vernachlässigt, sodass sie im Meeting mit dem Geschäftsführer noch keine konkrete Empfehlung in Bezug auf die Lösung aussprechen konnten. Anna Ziegler gab „grünes Licht". Die Planung konnte weitergehen

**d) Lösungswege festlegen**
Der Termin mit dem Chef wurde kurzfristig angesetzt. Mark Breitensteiner hörte sich alle Informationen zur Ziele-Liste und zum Auftragsbuch aufmerksam an. Am Ende kamen Herr Unterbauer und Herr Maierhöfer auch auf die möglichen Barrieren zu sprechen, mit denen man bei der Umsetzung der ins Auge gefassten Maßnahmen rechnen müsse.

Herr Breitensteiner bedankte sich bei seinen beiden Führungskräften für den Einsatz und deren Esprit in der Ausarbeitung:

> Mir war nicht klar, dass die Motivation der Mitarbeiter in Deutschland durch unsere Zukäufe in China und USA so gelitten hat. Natürlich verändert sich das Alltagsgeschäft, wenn man mit internationalen Partnern kooperiert. Ich hatte mir das aber anders vorgestellt.

Es wirkt so auf mich, als ob wir auf der Stelle treten und die Kommunikation nicht in Gang kommt. Sie haben richtig gehandelt, mir zu diesen Punkten ein Konzept vorzulegen. Jetzt müssen wir jedoch darauf achten, dass wir nicht überreagieren. Aufwand und Nutzen müssen in einem vertretbaren Verhältnis bleiben.

Stefan Unterbauer und Sven Maierhöfer hatten keine Einwände. Sie fanden es wichtig, dass das „gesunde Augenmaß" ihres Geschäftsführers zum Einsatz kam. Sie verlassen das Meeting mit einem umfassenden Auftrag.

**Entscheidung durch den Geschäftsführer**
Mark Breitensteiner schätzte die Expertise seiner beiden Führungskräfte und wollte sie „im Boot" haben. Er war nach wie vor skeptisch, ob ein breiter Transformations- prozess nötig war, um das Unternehmen auf die digitale Zusammenarbeit mit den neuen Kollegen im Ausland einzustellen. Durch die Ausführungen der beiden Herren wurde ihm jedoch bewusst, dass er die Herausforderungen bisher bagatellisiert hatte. Das hatte Gründe: Er wollte nicht noch mehr Unruhe im Unternehmen schaffen, als die Integration der beiden neuen Firmen bereits verursachte. Dabei hatte er übersehen, an wie vielen Schnittstellen das alte Arbeitsmodell durch die beiden neuen Standorte an seine Grenzen stieß.

Er korrigierte diesen Fehler und ernannte das Team Maierhöfer/Unterbauer zu den Verantwortlichen für das Unternehmensprogramm „Digitale Zusammenarbeit". Sie erhielten für diese Aufgabe sofort erste Ressourcen wie ein Arbeitsbudget und die Möglichkeit weitere Mitarbeiter für das Projekt einzusetzen.

**Mark Breitensteiner stimmte diesen Maßnahmen zu**
1. Technische Voraussetzungen schaffen, damit die Zusammenarbeit zwischen allen Standorten reibungslos funktioniert. Diese Aufgabe ist kostenintensiv.
2. Feedback der Führungskräfte und Mitarbeiter aus USA und China einholen, um deren Sicht auf die digitale Zusammenarbeit und die empfundenen Herausforderungen einbeziehen
3. Wenn es aus der Sicht der Programmleiter nötig war, mussten Maßnahmen wie beispielsweise Workshops geplant und umgesetzt werden, um die benötigten Kompetenzen bei allen Anspruchsgruppen im Unternehmen zu schaffen. Mit Blick auf die Kosten für die Informationstechnologie (siehe Punkt 1), wird ein Konzept mit modularem, zweijährigem Aufbau benötigt (um Rückstellungen zu bilden).

Anschließend wollte der Geschäftsführer die Situation erneut bewerten, um über weitere Schritte in Ruhe nachzudenken. Stefan Unterbauer und Sven Maierhöfer waren zufrieden mit dieser Entscheidung. Sie konnten sofort aktiv werden – das erschien ihnen wichtig. Später würde man die nächsten Schritte planen.

**2. Schritt: Checkpoint**

**Ihr Lernvorteil:**
Nutzen Sie diesen Abschnitt, um die wichtigsten Meilensteine im Praxisfall zusammenzufassen. Prüfen Sie, ob Sie sich der Einschätzung von Stefan Unterbauer und Sven Maierhöfer anschließen oder ob Sie eine andere Meinung vertreten. Prüfen Sie auch, wie Sie die Einschätzung von Mark Breitensteiner einordnen. Sie finden am Ende ein kurzes Feedback zu den ersten drei Fragen.

**Führungsnavigator**
1. Wie schätzen Sie die Bedürfnisse des Teams/Projektgruppe ein?

........................................................................................................................

........................................................................................................................

2. Wie beurteilen Sie das aktuelle Vorgehen der Führungskraft im Praxisfall?

........................................................................................................................

........................................................................................................................

3. Welche Veränderungen schlagen Sie vor (operativ/strategisch)?

........................................................................................................................

........................................................................................................................

**Ein Blick auf Ihre persönlichen Erfahrungen mit Führungssituationen**
1. Welche Erfahrungen haben Sie als Führungskraft mit dieser Teamkonstellation und der nötigen virtuellen Zusammenarbeit gesammelt? Wie leicht ist es Ihnen gefallen, die Ziele zu erreichen und alle Mitarbeiter „im Boot zu behalten"? Mit welchen Informationen haben Sie gearbeitet?

........................................................................................................................

........................................................................................................................

2. Waren Sie als Mitarbeiter schon in einer virtuellen Arbeitssituation? Wie gut haben Sie sich vom Team und der Führungskraft „abgeholt" gefühlt? Was hat Sie motiviert – was hat Ihnen weniger gut gefallen?

........................................................................................................................

........................................................................................................................

........................................................................................................................

........................................................................................................................

## 2.4.2 Erfolgreiche Strategien und Tools: Gemeinsame Sichtweise finden

**3. Schritt: Praxisgerechte Maßnahmen ableiten**

**Ihr Lernvorteil:**
Die vorausgehenden Abschnitte haben Sie an die Aufgabenstellung einer internationalen Zusammenarbeit auf Distanz herangeführt. Selbstverständlich ist es wichtig, die nötigen Kompetenzen bei den eingebundenen Mitarbeitern und Führungskräften an den verschiedenen Standorten schrittweise aufzubauen. Hinzu kommt in diesem Anwendungsfall noch der wichtige Aspekt der Organisationsentwicklung, denn auch die benötigten Prozesse (Aufbau- und Ablauforganisation) und Strukturen (IT-Landschaft und Kommunikationstechnologie) müssen bei „Global" an die inhaltlich enge Zusammenarbeit in räumlicher Distanz angepasst werden. Der Geschäftsführer vermeidet den Begriff „Transformation", trotzdem handelt es sich um ein Changeprojekt. In diesem Abschnitt erfahren Sie, mit welchem Vorgehen Stefan Unterbauer und Sven Maierhöfer im Unternehmen punkten.

Die frisch ernannten Programmleiter begannen damit, eine Checkliste zu stellen. Sie verglichen ihr Konzept mit den Aufträgen der Geschäftsleitung. Die Sicht des Geschäftsführers passte zu den bisherigen Zielen der beiden Manager. Die Maßnahmen zur Organisationsentwicklung beschränkten sich im ersten Schritt auf die Informationstechnologie (IT). Veränderungen in der Arbeits- und Ablauforganisation konnten zu diesem frühen Stadium noch nicht festgelegt werden. Diesen Ball wollten sie durch die Gespräche im Unternehmen aufnehmen und konkrete Vorschläge erstellen.

Eine Neuorientierung der aktuellen Pläne war deshalb für die beiden Kollegen nicht nötig. Herr Unterbauer und Herr Maierhöfer konnten sich sofort auf die Planung der Strategien und Tools für die Umsetzung der Aufgaben konzentrieren. Sehen Sie in Tab. 2.4 die Checkliste:

Die beiden Kollegen nannten sich ab jetzt scherzhaft das „Erfolgsduo Maierhöfer-Unterbauer in alphabetischer Reihenfolge". Ihre ersten Schritte als Programmleiter bezogen sich auf die Auswahl geeigneter Experten im Unternehmen für die weitere Arbeit, sowie den Aufbau einer passenden Projektstruktur:

- Sie mussten das Lastenheft in Bezug auf die Aufgaben zur Technik anpassen. Für die Einschätzung der Informationstechnologie (IT) gewannen sie den Leiter der IT, Jürgen Schröder, als Mitglied für die Arbeitsgruppe.
- Die Zusammenarbeit mit Anna Ziegler empfanden beide Führungskräfte als eine große Bereicherung. Sie sollte die Arbeitsgruppe mit ihren Fachkenntnissen – gesammelt in früheren Veränderungsprojekten – unterstützen. Frau Ziegler war sofort einverstanden.

**Tab. 2.4**  Checkliste zur Beauftragung

| Arbeitsziele von Stefan Unterbauer und Sven Maierhöfer | Auftrag der Geschäftsleitung | Fazit für die nächsten Schritte |
|---|---|---|
| Die Programmleiter hatten in Bezug auf die Informations-technologie (IT) bisher noch keine Ziele festgelegt | Die technischen Voraussetzungen schaffen, damit die Zusammenarbeit zwischen allen Standorten reibungslos funktioniert | Anforderungsprofil für die passende technische Infrastruktur für die virtuelle Zusammenarbeit erstellen; Nächste Schritte festlegen |
| Es gibt gemeinsame Ziele, die schrittweise erreicht werden. Das Verständnis für die Arbeitsweise der Partner wächst (idealerweise auf beiden Seiten) im Laufe der Zeit. Die Stimmung ist wertschätzend. Die fachliche und persönliche Kompetenz wird von beiden Seiten anerkannt. Das gegenseitige Vertrauen sollte sich vertiefen, anstatt abzunehmen | Feedback der Führungskräfte und Mitarbeiter aus USA und China einholen, um deren Sicht auf die digitale Zusammenarbeit und die empfundenen Herausforderungen einbeziehen | Bereits erledigt |
| Die Motivation im eigenen Team in Bezug auf die Zusammenarbeit mit den Kollegen in den USA beziehungsweise in China ist „im positiven Bereich" | Maßnahmen wie Workshops planen und umsetzen, um die benötigten Kompetenzen bei allen Stakeholdern zu schaffen. Mit Blick auf die Kosten für die Informationstechnologie, wird ein Konzept mit modularem, zweijährigem Aufbau benötigt (um Rückstellungen zu bilden) | Bereits erledigt |

Herr Maierhöfer und Herr Unterbauer wollten umgehend im Unternehmen den Diskussions- und Feedbackprozess starten. Zusammen mit Anna Ziegler entwarfen Sie eine Projektstruktur und legten die wichtigsten Anspruchsgruppen für die Gespräche fest[19]:

**Steering Board oder Lenkungsausschuss**

**Was ist das?**

Wichtige Ergebnisse, Entscheidungsvorlagen oder Fragen zum Veränderungsprojekt werden regelmäßig dem Geschäftsführer Mark Breitensteiner vorgelegt. Es war ihm jedoch auch wichtig, Meinungsträger der deutschen Organisation in das Projekt einzubinden, deshalb hatte er im letzten Gespräch vorgeschlagen, noch weitere Führungskräfte des Unternehmens als Ansprech-, Feedback- und Entscheidungspartner in Form eines Gremium zusammenzufassen. Das Gremium sollte für die Programmleiter die Rolle des Auftraggebers übernehmen. Stefan Unterbauer und Sven Maierhöfer diskutierten mit dem Geschäftsführer die Frage, ob amerikanische und chinesische Kollegen besser im Steering Board oder in der Fokusgruppe einzusetzen seien. Mark Breitensteiner wollte sicherstellen, dass deren operative Bedürfnisse genug Raum erhielten, was für deren Teilnahme in der Fokusgruppe sprach.

**Wer ist Mitglied?**

Man entschied sich für fünf Führungskräfte aus dem Unternehmen:

- Geschäftsführer Mark Breitensteiner
- Leiter Finanzen Udo Tauber
- Leiter Vertrieb Robert Schaller
- Leiterin Einkauf und Logistik Barbara Schneider-Würmelt
- Leiter Personal Stefan Winkler

**Projektgruppe, Projektleitung und Programmleitung**

**Was ist das?**

Stefan Unterbauer und Sven Maierhöfer sind als Programmleiter dafür verantwortlich, alle Projekte zum Themenkreis „digitales Arbeiten" im Unternehmen zu planen, zu steuern und den Erfolg zu überwachen. Die beiden Manager berufen weitere Mitglieder, die voraussichtlich im weiteren Verlauf eigene Projekte als Projektleiter managen werden.

---

[19]Müller, S./Semsey, S. [11].

**Wer ist Mitglied?**

Man entschied sich bewusst für deutsche Kolleginnen und Kollegen, weil man deren freie Zeitkontingente – und damit die Möglichkeit, sich engagiert einzubringen – besser einschätzen konnte. Die Größe der Gruppe entsprach mit fünf Mitgliedern zahlenmäßig dem Lenkungsausschuss. Man versprach sich davon, dass immer mindestens ein Ansprechpartner für Feedback zur Verfügung steht.

- Leiterin Kommunikation Anna Ziegler
- Leiter IT und Organisation Jürgen Schröder (Vice President IT)
- Leiter Qualitätssicherung Peter Schrader
- die beiden Programmleiter

## Fokusgruppe

**Was ist das?**

Herr Maierhöfer und Herr Unterbauer finden es wichtig, Feedback aus dem Unternehmen zu ihren Ideen zu erhalten. Als erfahrene Führungskräfte wissen sie, dass Partizipation entscheidend für die Akzeptanz der Maßnahmen sein wird. Es ist ihnen ein Anliegen, damit nicht erst nach Abschluss aller Konzepte anzufangen. Sie möchten die betroffenen Kollegen in den USA, China und Deutschland bereits bei der Auswahl und Planung der Maßnahmen von Anfang an einbeziehen. Anna Ziegler empfiehlt deshalb, einen Kreis aus Kollegen dazu einzuladen regelmäßig zu allen Aktivitäten Feedback zu geben. Dieser Kreis sollte in einem Schneeballprinzip auch weitere Teile der Belegschaft informieren und auch systematisch Meinungsbilder abfragen. Eine Herausforderung war diese Arbeitsform offensichtlich: Es musste mit der Gruppe abgestimmt werden, ob und wie man in einer Mischung aus Präsenzmeetings und virtuellen Meeetings zusammen arbeiten wollte. Anna Ziegler wies im Gespräch mit den Programmleitern jedoch darauf hin, dass genau dieser Punkt ein Vorteil sei, denn so war die „Influencer-Gruppe" mit den Schwierigkeiten konfrontiert, die die Belegschaft täglich lösen musste. Das würde die Qualität der Entscheidungen positiv beeinflussen.

**Wer ist Mitglied?**

Die Programmleiter entschieden, jeweils drei Mitarbeiter von jedem Standort für das Vorhaben einzusetzen. Als Vertreter der USA und China sollten die leitenden Führungskräfte Jeff Peterson (Entwicklungsleiter in den USA) und Tian Wu (Fabrikleiter in China) entweder selbst teilnehmen und/oder entsprechende Mitarbeiter auswählen. Für Deutschland nominierten Stefan Unterbauer, Sven Maierhöfer und Anna Ziegler jeweils einen Mitarbeiter aus den eigenen Abteilungen. Die Wahl fiel auf zwei Nachwuchsführungskräfte und eine Expertin:

- Leiter Entwicklung USA Jeff Peterson und zwei Mitarbeiter
- Leiter der Fabrik China Tian Wu und zwei Mitarbeiter
- Nachwuchsführungskraft Tim Fischer aus der Produktion
- Nachwuchsführungskraft Maximilian Schneider aus der Entwicklung
- Anita Eckerle aus dem Marketing/Social Media

**Roll-out**

**Was ist das?**

Nach der Konzeption, Diskussion und gemeinsamen Entscheidung im Unternehmen, geht es darum, die Maßnahmen zur virtuellen Zusammenarbeit an den drei Standorten zu implementieren. Dies wird als „Ausrollen" eines Konzepts bezeichnet (Englisch entsprechend Roll-out). Der Erfolg muss sich an der gelungenen Umsetzung im Alltag messen lassen. Diese Projektphase verdiente höchste Aufmerksamkeit, soviel war den Programmleitern klar. Man wollte später gemeinsam mit der Fokusgruppe entscheiden, wie man vorgehen wollte.

**Wer ist Mitglied?**

Es gab zu diesem Zeitpunkt noch keine Vorstellungen darüber, wer im Roll-out Team mitarbeiten würde und wie stark die Mitglieder der Projektgruppe und die Fokusgruppe bei der Einführung der neuen Arbeitsstrategien und Tools eingebunden sein würden. Frau Ziegler lieferte Erfahrungsberichte, die zeigten: es war sinnvoller, dies nach Beginn der Abstimmungsphase festzulegen. Wichtig war allerdings, die Einführung ernst zu nehmen und entsprechende Ressourcen vorzusehen. „Die gute Umsetzung entscheidet über unseren Erfolg, nicht das schlaue Konzept.", erinnerte Anna Ziegler die beiden Programmleiter mit Nachdruck. Das leuchtete den beiden Herren ein. Es wurde beschlossen: Die Klärung dieser Fragen war ein wichtiger Tagesordnungspunkt für die erste Sitzung mit dem Lenkungsausschuss.

Als Zusammenfassung erstellten die drei Führungskräfte diese Grafik über die bisher geplante Arbeitsstruktur für das Programm „digital cooperation" (siehe Abb. 2.22):

Als sie das Bild gemeinsam betrachteten, wurden die beiden Programmleiter unruhig. Mark Breitensteiner betonte kontinuierlich, er wolle kein „breites Veränderungsprojekt". Nun sahen die geplanten Schritte allerdings danach aus, bemerkte Sven Maierhöfer nervös. Die Vor- und Nachteile der Programmstruktur mit einer klaren Rollen- und Aufgabenverteilung wurden noch mal von den drei Kollegen auf den Prüfstand gestellt.

Anna Ziegler sprach am Ende den erlösenden Satz aus: „Warum sieht es denn nach einem großen Veränderungsprojekt aus? Doch nicht etwa, weil wir planvoll vorgehen, oder? Wir können die Sache nicht unprofessionell anpacken, nur damit wir wenig Unruhe im Unternehmen stiften. Das Gegenteil wird der Fall sein. Entweder, wir wollen

**Abb. 2.22**  Programmstruktur

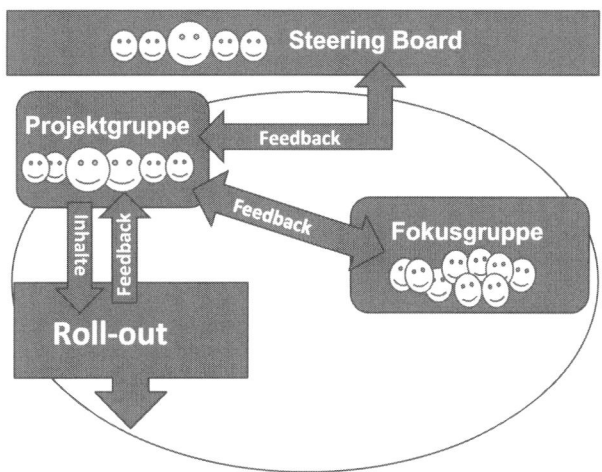

Antworten auf die Herausforderungen erarbeiten – oder nicht. Alles andere wird keinen Erfolg haben."

Beide Herren nickten: „Stimmt genau. Das müssen wir bei Bedarf mit Herrn Breiten-steiner besprechen, ansonsten fühlen wir uns bei jedem Schritt unter Druck. Wir haben den Aufbau ohnehin auf das Minimum beschränkt.", fasste Dieter Unterbauer die Gedan-ken abschließend aller in Worte.[20]

Für die Planung und Durchführung der nächsten Schritte orientierten sich die drei Kollegen an den bereits fixierten Aufgaben im Lastenheft:

Sie informierten den Leiter der IT, Jürgen Schröder, beim gemeinsamen Mittagessen über die ihm zugedachte Aufgabe. Herr Schröder rollte zuerst mit den Augen als er die Tragweite des Programms erfasste und verwies auf den dicht gedrängten Terminkalender seiner Abteilung. Nach kurzem Überlegen war er jedoch von der Zielrichtung der Initi-ative begeistert. Er wollte sich umgehend mit einer Einschätzung zur Technik im Unter-nehmen bei den Kollegen melden und die nächsten Schritte besprechen.

Anna Ziegler übernahm die Aufgabe, alle Mitglieder der neu nominierten Fokus-gruppe für ein persönliches Kick-off-Meeting in die Unternehmenszentrale einzuladen. Die Führungskräfte in China und den USA hatten bereits ein Briefing der beiden Pro-grammleiter erhalten und warteten auf ein Signal durch Frau Ziegler. Man terminierte einen Zwei-Tages-Workshop im folgenden Monat, wobei wenig Rücksicht auf andere Verpflichtungen der Teilnehmer genommen wurde. Das sorgte für spürbaren Unmut bei den amerikanischen Kollegen (aus China kam kein Feedback). Frau Ziegler ließ sich nicht beirren. Kurze Zeit später versendete sie eine erste Agenda für den Workshop in englischer Sprache, die Sie unten sehen:

---

[20]Kauffeld, S. [6].

**Kick-off-Workshop with the focus group: agenda**
**Day 1**
**09:00 Start and welcome to everybody**
Introduction round, overview of the two days, discussion of the working style

**10:00 Feedback about the cooperation from China, US and Germany**
- Highlights and lowlights (please prepare some examples)

**12:00 Lunch**
**13:00 Overview about the new program „digital cooperation"**
Presentation of the first draft:
- Strategy: Expectations and targets of the program
- Operations: Focus group, steering committee and project group
- Dialogue: Feedback and discussion as the main objective

**15:00 Teamwork: Proposals from the focus group**
- Input from China, US and Germany regarding the current ideas
- Presentation of the results gained in team work
- Discussion with the big group and the program managers

**17:00 End of the official agenda and business break for phone calls or e-mails**
**19:00 Dinner and afterwards „come together" in a lounge**

**Day 2**
**9:00 Start into the day**
- Results so far, after thoughts and further comments
- Next steps and objectives for day 2

**10:00 Team work „Successful in a global network seen by the focus group" (1)**
- Input from the countries: values, organizational and personal prerequisites
- Feedback: Presentation of results and discussion with the big group and the program managers

**12:00 Lunch**
**13:00 Team work „Successful in a global network seen by the focus group" (2)**
- Input from the countries regarding the working model: roles, responsibilities and commitment of focus group, steering committee and project group
- Feedback: Presentation of results and discussion
- Next steps: action and project plan

**16:00 Conclusion of all results and agreement on next steps**

Anna Ziegler verstand diesen Ablauf als provisorische Planung. Beim Workshop sollte die Agenda gemeinsam mit den Teilnehmern konkretisiert oder auch verändert werden, um die partnerschaftliche Ausrichtung des Treffens zu betonen. Auf diese Botschaft reagierten alle Teilnehmer positiv. Frau Ziegler, Herr Maierhöfer und Herr Unterbauer warteten gespannt auf den ersten Workshop. Lesen Sie unten, wie das erste Treffen der Fokusgruppe ablief.

**So verlief der Workshop**
Der Workshop fand in der Konferenzzone von „Global" statt. Die technische Ausstattung war hervorragend und die Gäste aus den USA und China lernten unkompliziert das Unternehmen besser kennen. Das Abendessen des ersten Tages organisierten die drei Gastgeber in einem Traditionslokal in der City. So war auch für Lokalkolorit gesorgt. Kurz vor dem Workshop entschied man sich dafür, eine interne Moderatorin einzusetzen. So konnten die Programmleiter und Frau Ziegler sich als Teilnehmer auf Augenhöhe mit den Sachinhalten befassen.

**Der erste Tag des Workshops**
Schon bei der Vorstellrunde machten sich die kulturellen Unterschiede bemerkbar. Die amerikanischen Kollegen traten selbstbewusst auf und trugen in ihrer Muttersprache flüssig vor, wie sie sich die Zusammenarbeit vorstellten. Die anwesenden Chinesen sprachen sehr gut Englisch, ihr Akzent war jedoch schwer zu verstehen. Im Wesentlichen sprach Herr Wu, seine beiden Mitarbeiter waren extrem zurückhaltend. Die deutschen Teilnehmer stellten sich als Gastgeber zuletzt vor. Sie wirkten unaufgeregt, wenn auch ihre englischen Sprachkenntnisse zu Beginn des Workshops noch nicht so gut waren wie erhofft.

Wie verabredet stellten alle drei Länder ihre Eindrücke zur Zusammenarbeit vor. Die Amerikaner und die Chinesen zitierten nur die sogenannten „Erfolgsgeschichten". Hinweise über Schwachstellen aus der Sicht der ausländischen Kollegen fehlten.

Die deutschen Teilnehmer berieten sich vor ihrer Präsentation miteinander. Die Gastgeber wollten nicht die Rolle des Miesepeters übernehmen, trotzdem mussten die „Lowlights" der Zusammenarbeit langsam auf den Tisch, wenn sich etwas ändern sollte. Die Moderatorin, Petra Windhuber, riet dazu, Kritik auszusparen und mehr auf die Schwierigkeiten „im eigenen Haus" hinzuweisen.

Es gelang der deutschen Gruppe sehr gut, den Hinweis der Moderatorin in der Praxis umzusetzen. Neben viel Lob und einigen Schmeicheleien sprachen die deutschen Kollegen als ersten die Missstände an. Sie vermeiden gekonnte Schuldzuweisungen. Es stand im Mittelpunkt, dass die gute Zusammenarbeit durch die Distanz trotz aller Bemühungen nicht immer gelang. Häufig bezog man sich auf die heterogene Technik. Diese Botschaft wurde so gut verstanden, dass sie allen Ingenieuren die Herzen öffnete, wie Frau Ziegler lachend bemerkte. Mit dieser Beschreibung traf sie ins Schwarze, denn es entwickelte sich eine angeregte Diskussion über die bisherigen Höhen und Tiefen in der Zusammenarbeit – auch jenseits der Technik.

Es stellte sich heraus, dass Herr Wu eine klare Beobachtungsgabe hatte und wichtige Hintergrundinformationen zur Kooperation zwischen China und Deutschland anbot. Zudem erklärte Tian Wu, dass „Zusammenarbeit auf Distanz" für China ein neues Konzept sei und erst durch Beispiele illustriert werden müsse, damit alle Mitarbeiter die Anforderungen verstehen könnten. Seine beiden Mitarbeiter schwiegen noch immer, nickten jedoch an vielen Stellen bestätigend.

Die amerikanische Delegation brachte höflich vor, dass sie die Zusammenarbeit mit den deutschen Kollegen nicht einordnen könne. Man verstand den Arbeitsprozess nicht. Jeff Peterson sagte am Ende: „Die deutsche Zentrale ist nicht weisungsbefugt, oder? Ich verstehe nicht immer, was man von mir erwartet. Natürlich wollen wir mit der Zentrale enger zusammen arbeiten. Nur die passende Form fehlt uns noch, weil die räumliche Distanz so groß ist."

Am Ende waren sich alle einig: die Zusammenarbeit im Unternehmen konnte und sollte noch verbessert werden. Dieser Konsens war die ideale Voraussetzung für die folgende Präsentation von Dieter Unterbauer und Sven Maierhöfer zum Programm „digital cooperation". Die spontane Reaktion der Gruppe war verhalten und wirkte höflich, wenn auch ohne konkretes Feedback.

Nach dem Mittagessen wurde man zum ersten Mal als Fokusgruppe aktiv. Man bildete zwei kulturell gemischte Gruppen. Der Kollegenkreis entschied sich für eine ausgewogene Verteilung von Führungskräften und Nationen. Die Programmleiter und Frau Ziegler verteilten sich auf die beiden Arbeitsgruppen. Die Moderatorin sollte abwechselnd die beiden Räume besuchen und Impulse geben oder bei der Diskussion unterstützen.

Die Arbeitsaufgabe war es, Feedback zum Programm – also der Präsentation von Herrn Maierhöfer und Herrn Unterbauer – zusammenzufassen. Die Teilnehmer wollten zusätzlich eigene Vorstellungen zur Verbesserung der Arbeit auf Distanz sammeln.

Dieter Unterbauer wollte diese beiden Aspekte getrennt voneinander behandeln. Das gelang allerdings in beiden Teams nicht, weil sich die Argumente immer wieder vermischten. Sven Maierhöfer entschied deshalb, dass man von der Agenda abweichen und sofort alle Ideen besprechen könne, die den Teilnehmern auf der Seele brannten. Offensichtlich war der Sprechbedarf hoch, was die Programmleiter als Erfolg werteten.

Es dauerte in beiden Gruppen lange, einen gemeinsamen Arbeitsstil zu finden. Die Stimmung war angespannt. In beiden Teams dominierten die Amerikaner. Die Chinesen wirkten, von Herrn Wu abgesehen, still bis unsichtbar.

Die Teamarbeit begann mit Brainstorming. Viele Wortbeiträge blieben jedoch in beiden Arbeitsgruppen eher assoziativ. Speziell die Deutschen vermissten die klare Richtung der Gespräche. Leider wirkten sie mit ihren Kommentaren à la „wir drehen uns im Kreis" unnötig belehrend und leisteten damit keinen Beitrag zum guten Gelingen. So wurde immer wieder über die Arbeitsweise gesprochen, kleine Macht- und Revierkämpfe zeigten sich und es fand nur wenig konstruktiver Austausch statt. Kam die Rede auf die Kooperation zwischen den Standorten, dann meist in Bezug auf die Vergangenheit anstatt mit Blick auf Lösungen für die Zukunft.

Nach zwei Stunden Beobachtungszeit berieten sich Frau Ziegler, die Moderatorin und die Programmleiter, weil besonders die beiden Herren unzufrieden waren. Sie vermissten Ergebnisse, wollten nicht bei den ersten Anlaufschwierigkeiten in die Teamdynamik eingreifen. Trotz aller Nervosität hatten sie Vertrauen in die Kompetenz aller Teilnehmer. Man einigte sich darauf, dass man die positive Haltung zum Ausdruck brachte, indem man noch mehr Geduld mit den Arbeitsgruppen zeigte.

Frau Windhuber unterstützte daraufhin den Gesprächsverlauf abwechselnd in beiden Räumen. Dies zeigte Früchte. In der Kaffeepause überraschten die Teilnehmer die Moderatorin mit einer Idee: In beiden Teams war zwischenzeitig der Knoten geplatzt und man kam besser voran. Die Gruppe entschied sich deshalb spontan für ein „working dinner". Es standen ab 18:00 Uhr unkomplizierte – aber liebevoll – bereitete Speisen zur Verfügung, die bei der Diskussion verzehrt werden konnten. So verlor man nicht den mühsam gefundenen roten Faden und die Debatten rund um das Programm gingen weiter. Das spürbar hohe Engagement der Teilnehmer machte den Programmleitern Mut.

Um 21:00 Uhr trafen sich alle etwas müde aber zufrieden zu einem Debriefing in der Lounge der Konferenzzone. Die Teams skizzierten ihren aktuellen Arbeitsstatus und tauschten auffallend gut gelaunt ihre Auffassungen aus.

Gegen 22:00 Uhr beendeten die Projektleiter den offiziellen Teil des Treffens. Das Einvernehmen zwischen den Teilnehmern war inzwischen herzlich und zugewandt.

Die Programmleiter wirkten trotzdem enttäuscht von dem mündlichen Ergebnisbericht. „Es geht so langsam voran", beklagten sie sich bei Anna Ziegler vor dem Nachhause gehen. Die Workshop-Ergebnisse waren zu operativ. Die Teilnehmer befassten sich mit den Schwierigkeiten des Alltags, anstatt strategische Vorschläge für das Unternehmen vorzubereiten. Zudem hatten die Teams in unterschiedliche Richtungen gearbeitet. Sven Maierhöfer und Stefan Unterbauer waren verunsichert, ob diese Arbeitsweise die gewünschten Ergebnisse liefern würde.

Frau Ziegler sah das gezogene Zwischenfazit gelassener, so ließen sich die beiden Herren schnell wieder von ihr motivieren. Aus der Sicht von Anna Ziegler hatten sie viel Beziehungsarbeit geschafft. Die kleinen Kommunikationsstörungen und das Verlassen der Agenda seien normal. „Hoffentlich haben sie damit Recht, dass wir uns erst mal zusammenraufen müssen", murmelten die beiden Herren zum Abschied.

**Der zweite Tag des Workshops**

Die Fokusgruppe beschloss, nicht mehr in den Kleingruppen weiter zu arbeiten. Der Vorschlag kam von der Moderatorin Petra Windhuber und fand allgemeinen Zuspruch. Die Teilnehmer wollten sich in der großen Runde noch besser kennenlernen und austauschen. Der nächste Programmpunkt war die Ergebnispräsentation der beiden Arbeitsgruppen. Lesen Sie in Abb. 2.23 und 2.24, was die Arbeitsgruppen des Vortages vorstellten:

Sven Maierhöfer war mit den Ergebnissen unzufrieden. Keines der beiden Teams schien sich näher mit dem vorgestellten Programm „digital cooperation" befasst zu haben. Er erinnerte sich jedoch an den Rat von Anna Ziegler und behielt Ruhe. Auch in Stefan Unterbauer brodelte es. Er fand die Beiträge zu allgemein, ohne nachvollziehbare

**Arbeitsgruppe 1 – Auszüge**
- Das Programm „digital cooperation" ist positiv
- Man muss mehr über die gegenseitige Kultur lernen, weil E-Mails oft falsch verstanden werden
- Technik ist nicht geeignet für die internationale  Zusammenarbeit: Telefon- und Videokonferenzen funktionieren nicht , weil die Anlagen nicht vorhanden sind oder die Bild- und Tonqualität sehr schlecht ist
- Raum für Fragen und Gespräche muss geschaffen werden

**Abb. 2.23**   Ergebnisvorstellung Arbeitsgruppe 1

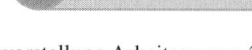

**Arbeitsgruppe 2 - Auszüge**
- Das Programm „digital cooperation" muss die Kompetenzen des Standortes verstehen
- Die Aufgaben der Fokusgruppe müssen genauer definiert werden
- Führung auf Distanz ist schwierig, das muss bei Projekten berücksichtigt werden
- Verhältnis zur Zentrale ist unklar: wer trifft die Entscheidungen?
- USA sind ein sehr spezieller Markt, wie soll die gemeinsame Entwicklung funktionieren?

**Abb. 2.24**   Ergebnisvorstellung Arbeitsgruppe 2

Ordnung und es fehlten konkrete Vorschläge. Nach seiner Meinung hatte der Workshop bisher keinen Input gebracht, der für die weitere Arbeit hilfreich sein könnte. „Die Teams geben nur wider, was wir schon präsentiert hatten", murmelte er vor sich hin. Er machte sich Sorgen, was der Geschäftsführer von so mageren Ergebnissen halten würde.

Erst Anna Ziegler lenkte den Blick der Programmleiter auf einen anderen Aspekt: „Merken Sie, wie motiviert und gut gelaunt alle sind? Mit dieser Einstellung gelingt es uns sicher, ein zufriedenstellendes Arbeitsmodell zwischen den Standorten zu etablieren. Ich glaube, wir haben alle im Boot. Ich hatte nicht erwartet, dass dies so reibungslos funktioniert. Man darf den Workshop nicht mit der gewohnten Arbeitsgeschwindigkeit in der eigenen Abteilung vergleichen. Hier wirkt erst einmal eine starke Gruppendynamik". Die Programmleiter verstanden das Argument und hofften, dass Frau Ziegler wie gewöhnlich im Recht war.

> **Praxistipp**
> Meist liegen die Erwartungen für ein Kick-off Meeting bei den Verantwortlichen deutlich zu hoch. Sie haben sich schon lange mit den Inhalten befasst und wünschen sich von den Teilnehmern einen intensiven Fachdialog. Das ist unrealistisch, denn Sie müssen erst einmal alle Teilnehmer emotional abholen und im nächsten Schritt inhaltlich überzeugen. Das benötigt Zeit, ist aber ein wichtiger Schritt in Richtung der guten Zusammenarbeit. Zudem sollten Sie beachten, dass wir in Deutschland am Arbeitsplatz sehr sachorientiert agieren. Wir schätzen es, rasch und ohne lange Vorreden „auf den Punkt zu kommen". In anderen Kulturen legt man mehr Wert darauf, die Bedeutung der Arbeitsbeziehung zu betonen. Man nimmt sich Zeit für das Kennenlernen und baut das gegenseitige Verhältnis mit Geduld auf.[21]

Die Programmleiter hielten sich mit ihrer Kritik zurück. Sie überließen es der Moderatorin und Frau Ziegler, die Tagesplanung mit der Gruppe zu besprechen. Die beiden Expertinnen sorgten geschickt dafür, dass Details des Programms „digital cooperation" erneut besprochen und die Konsequenzen reflektiert wurden.

Um ca. 11:00 Uhr begann man in der großen Runde damit, dass die Programmleiter nochmals Teile der Präsentation zeigten. Die Teilnehmer hatten darum gebeten. Im zweiten Versuch war die Aufmerksamkeit aller deutlich höher. Die gute Stimmung des Vorabends blieb erhalten. Interessierte Fragen wurden gestellt, die die Programmleiter und Frau Ziegler mit Geduld und Sachverstand beantworteten. Das führte zu einer lebhaften und konstruktiven Diskussion: plötzlich schlugen die Teilnehmer wertvolle Ergänzungen zu den Inhalts- und Prozessvorschlägen der Programmleiter vor. Die Denk- und auch

---

[21]Müller, S./Yuan, X. [12].

Sprechgeschwindigkeit im Raum schien sich beschleunigt zu haben, wie die Moderatorin Petra Windhuber scherzhaft zu Stefan Unterbauer sagte.

Anna Ziegler interpretierte die Lage anders. Ihr fiel auf, dass die Teilnehmer die Arbeitsaufgabe gestern absichtlich nicht präzise bearbeitet hatten. Man blieb aus Vorsicht auf der Oberfläche, um die deutschen Gastgeber nicht zu verstimmen. Es bestand offensichtlich die Sorge, zu kritisch zu wirken. Das hätte die Beziehungen unnötig belastet. Dabei lag wohl ein stillschweigendes Einverständnis zwischen den amerikanischen und den chinesischen Kollegen vor.

Tian Wu wurde zum „Lieblingsmensch" der Fokusgruppe. Seine scharfe Intelligenz faszinierte alle. Herrn Wus Erklärungen wirkten zwar auf den ersten Blick ausschweifend. Seine Fazits zum Verhältnis zwischen der Zentrale und den Standorten waren jedoch so gut durchdacht, dass sie jeden Aspekt berücksichtigten. Herr Wu schlug zusammen mit seinen Mitarbeitern einige Verbesserungen vor, die Stefan Unterbauer komplett überzeugten. Erstaunlicherweise war Jeff Peterson aus den USA „Feuer und Flamme" und fand diese Ideen ebenfalls passend für seine Abteilung. Sven Maierhöfer staunte nicht schlecht, wie sich dieser ehemals etwas arrogante Einzelkämpfer schrittweise in einen kooperativen Teamplayer verwandelte. Die Teilnehmer aus Deutschland wirkten ebenfalls zufrieden, weil man in der Runde eine Checkliste mit wichtigen Inhaltspunkten für das Programm erarbeitete. Somit war ihr Wunsch nach einer Ergebniskontrolle des Meetings erfüllt.

Der Nachmittag verlief ebenso produktiv, wenn auch die Gespräche deutlich mehr Zeit benötigten als von den Programmleitern vorgesehen. Sie lachten beide über ihre Ungeduld. Es war offensichtlich ihr aktuelles Lernfeld, die zeitintensive soziale Dynamik internationaler Teams noch besser einzuschätzen.

**Am späten Nachmittag lag diese Ergebnisliste vor**
- Alle begrüßten die Initiative „digital cooperation"
- Die Aufgaben der Fokusgrupp, sowie die Zusammensetzung fanden ebenfalls Zustimmung. Die Teilnehmer waren bereit, ihre Heimatstandorte über das Programm zu informieren und Feedback der Belegschaft einzuholen.
- Die Vorstellungen von Führung sind in Deutschland, USA und China sehr unterschiedlich. Als Folge ist auch die Führung auf Distanz in jedem Land einzuschätzen. Die Strategien und Tools sind unterschiedlich einzusetzen. Dieser Punkt sollte in den interkulturellen Workshops besprochen werden. Das Programm der Workshops sollte von Frau Ziegler konzipiert werden, um es dann mit den Standorten durchzusprechen und bei Bedarf anzupassen.
- Im nächsten Schritt wollten die Teilnehmer die Einschätzung des IT-Leiters gemeinsam diskutieren. Alle waren sich einig, wie wichtig dieser Punkt sei. Zum Verhältnis zwischen den Standorten und der Unternehmenszentrale waren wichtige Vorschläge von Herrn Wu und Herrn Peterson eingebracht worden. Sie sollten dem Lenkungsausschuss vorgelegt werden.

**Hintergrundwissen Führung im interkulturellen Vergleich[22]**
Konkrete Führungsaufgaben sind – trotz vieler Gemeinsamkeiten – in verschiedenen Kulturen unterschiedlich ausgeprägt. Auch die Rollenerwartungen an Führungskräfte und Mitarbeiter in Bezug auf das Verhalten, die Kommunikation und das Zeigen von Motivation ist kultursensibel. Im Praxisfall kollidieren deutsche, US-amerikanische und chinesische Vorstellungen, die deutliche Unterschiede aufweisen. Da die Beteiligten bisher nur eine „vage Ahnung" von den möglichen Soll-Bruch-Stellen im Verständnis haben, sind Missverständnisse vorprogrammiert. Hier finden Sie einige Schlagworte für die erste Orientierung zu den Unterschieden:

| Deutschland | USA | China |
|---|---|---|
| Hierarchie mit starken Experten, die ein hohes Entscheidungsvolumen haben. Üblicherweise transaktionales oder transformationales Führungsmodell. | Starke Hierarchie mit Bezug auf Sachaspekte und Motivation. Meist transaktionales Führungsmodell (Führung durch Zielvereinbarungen) mit strenger Kontrolle. In innovativen Branchen wie der IT immer öfter ein transformationales Führungsverständnis. | „Fürsorgliche Führung" in einem System gegenseitiger Loyalität und Verpflichtung zwischen Führungskraft und Mitarbeitern. |
| Entscheidungen häufig durch Experten in enger oder lockerer Abstimmung mit der Führungskraft. | Entscheidungen nur durch die Führungskraft mit pragmatischen Ausnahmen. | Entscheidungen trifft nur die Führungskraft, anderenfalls ist der Respekt beschädigt und die Hierarchie im Unternehmen nicht berücksichtigt. |
| Die Führungskraft ist kein Konfliktlöser. Im Ernstfall setzt man Moderatoren ein. | Die Führungskraft ist eingebunden in die soziale Interaktion. | Die Führungskraft ist wichtigster Konfliktlöser für das Team, da sie/er alle Menschen und deren Anliegen perfekt kennt bzw. kennen muss. |

---

[22]Vgl. Voigt, C. [24], Thomas, A. [20], Müller/Xuan [12].

| Deutschland | USA | China |
|---|---|---|
| Bevorzugt die klare Trennung von Beruf und Privatleben. | Beruf und Privates sind getrennt, trotzdem gibt es viele Anknüpfungspunkte wie gemeinsame Aktivitäten. | Beruf und Privatleben werden gemeinsam betrachtet. Die Führungskraft wird zur Vaterfigur und ist bei wichtigen Familien-terminen eingebunden wie Hochzeit, Taufe, Lösung von Streitigkeiten, Kauf einer Eigentumswohnung, etc. |
| Die Führungskraft ist Prozessmanager im Team. Detailwissen liefern die Experten ohne Imageverlust für den Chef. | Die Führungskraft ist als fachlicher Inputgeber sehr wichtig. Die Experten haben ein beschränktes Entscheidungsvolumen und die fachliche Expertise ist meist niedriger als die des Managers. | Die Führungskraft muss alle Details in der Abteilung besser kennen als jeder Experte. Nur so kann er korrekte Entscheidungen treffen und verdient sich den Respekt der Mitarbeiter. |

Als man sich trennte, waren alle mit den Ergebnissen zufrieden. Die skeptischen Programmleiter zeigten sich erleichtert. Es wirkte so, als ob gemeinsame Leitlinien für USA und China im Umgang mit der Zentrale realistisch seien. Natürlich standen im nächsten Schritt lokale Anpassungen auf dem Plan. Ein gemeinsamer strategischer Rahmen war jedoch ohne Schwierigkeiten praktikabel und wurde von den Kollegen aus den USA und China positiv bewertet.

Die Voraussetzungen für die tägliche Zusammenarbeit in den virtuellen Teams mussten zwar erst noch geschaffen werden, die Programmleiter waren allerdings optimistisch, diese Vorleistungen zur Zusammenarbeit Zug um Zug zu etablieren. Stefan Unterbauer zog das Fazit: „Die Fokusgruppe ist auf dem richtigen Weg, das öffnet Tür und Tor für das Programm ‚digital cooperation' im Unternehmen." Frau Ziegler schmunzelte, denn aufgrund ihrer Erfahrung sah sie noch einige Stolpersteine auf sich zukommen. Sie teilte allerdings die positive Grundhaltung ihrer Kollegen.

**4. Schritt: Im Rückspiegel – wie ging der Praxisfall weiter?**
In der Woche nach dem Kick-off Workshop der Fokusgruppe tagte das erste Mal der Lenkungsausschuss. Die Programmleiter sollten die inhaltlichen Ergebnisse und die Arbeitsatmosphäre der beiden Tage vorstellen. Das war die Teilnehmerliste:

- Geschäftsführer Mark Breitensteiner
- Leiter Finanzen Udo Tauber

- Leiter Vertrieb Robert Schaller
- Leiterin Einkauf und Logistik Barbara Schneider-Würmelt
- Leiter Personal Stefan Winkler

- Zwischenzeitig lag der Bericht des Leiters der IT, Jürgen Schröder, vor. Er meldete einen zufriedenstellenden Status zu den sicherheitsrelevanten Lösungen bei der technischen Integration der beiden neuen Standorte. Schon im nächsten Quartal sei die Software angepasst, schätze er. Somit wurde auch die Nutzung von Datenbanken oder gemeinsamen Laufwerken von verschiedenen Standorten aus möglich. Noch nicht bedacht hatte man bisher interne Messenger-Systeme für die Kommunikation auf Distanz oder passendes Equipment für globale Telefon- oder Videokonferenzen. Sein Konzept sei jedoch schon unterwegs, ließ Herr Schröder wissen. Frau Schneider-Würmelt teilte dies der Runde mit.
- Nach dem positiven Auftakt staunten Herr Unterbauer und Herr Maierhöfer, als sie nach ihrem Vortrag mit vielen kritischen Fragen aus der Runde überhäuft wurden. Besonders Udo Tauber und Stefan Winkler schienen das Vorgehen komplett infrage zu stellen.
   Der Leiter Finanzen fragte: „Ich verstehe Sie nicht. Es geht doch nur darum, dass wir im Unternehmen zusammen arbeiten. Durch die Distanz benutzen wir E-Mails und arbeiten mit Telefonaten. Warum benötigen wir dazu ein Unternehmensprogramm?" Sofort entbrannte eine Debatte unter den Anwesenden, welche Voraussetzungen für die gelungene virtuelle Arbeit nötig waren. Die Programmleiter legten gute Argumente vor, spürten aber weiterhin die Vorbehalte von Stefan Winkler und Udo Tauber. Der Vertriebsleiter Robert Schaller half mit einem wichtigen Einwurf: „Natürlich müssen sich die Menschen erst einmal aufeinander einstimmen. Man muss Aufgaben und Kompetenzen abgleichen, bevor die Strategien oder konkrete Tools für die virtuelle Zusammenarbeit eine Chance auf Akzeptanz haben. Solange wir das ignorieren, sind wir nicht erfolgreich."Genau diese Situation hatten die Programmleiter bisher erlebt und wollten Abhilfe für das Unternehmen schaffen, wie sie klarstellten. Das zeigte Wirkung bei den Skeptikern.
- Im Laufe der Debatte stellte sich heraus, dass der Kreis noch nicht über die Zielrichtung des Programms im Bilde war. Die Herren und auch Frau Schneider-Würmelt wirkten verärgert, dass man sie nicht schon früher eingebunden hatte. Die Programmleiter hatten es aus Zeitmangel versäumt, mit allen Beteiligten vor dem Meeting vorbereitende Einzelgespräche zu führen. Das rächte sich nun in dieser Sitzung.
- Trotz der Meinungsverschiedenheiten drückte der Geschäftsführer am Ende seine Zufriedenheit aus. Das Gremium folgte seinem Impuls und gab „grünes Licht" für die nächsten Schritte. Die Projektleiter sollten allerdings alle Mitglieder des Lenkungsausschusses intensiver informieren.
- Dieses erste Treffen mit dem Steering Committee war lehrreich für die Programmleiter. Sie bekamen vor Augen geführt, wie viel Überzeugungsarbeit sie im Unternehmen leisten müssten bis verstanden wird, dass sich erfolgreiche virtuelle Zusammenarbeit eben nicht nur auf die Bereitstellung der Technik beschränkt. Sie behielten diesen Punkt ab diesem Moment immer im Sichtfeld.
- Im nächsten Schritt fanden zwei interkulturelle Workshops statt, die jeweils die deutsch-chinesischen und die deutsch-amerikanischen Arbeitsgruppen durchliefen.

Im Mittelpunkt standen die virtuelle Zusammenarbeit und die unterschiedlichen Erwartungen an Führungskräfte und Mitarbeiter. Es sollten die sinnvollen Strategien und Tools gemeinsam besprochen und geübt werden. In dem Rahmen diskutierte man lange, wie „Führung auf Distanz" durch Stefan Unterbauer in China gelingen könnte. Man einigte sich auf wöchentliche Berichte und enge Absprachen per Videokonferenz mit Herrn Wu. Mitarbeiter in China sollten nur in Abwesenheit von Herrn Wu teilnehmen, da diese aus Respekt ohnehin in der Anwesenheit des chinesischen Chefs nicht das Wort ergreifen. Dies war eine wichtige Erkenntnis für das Team.

- Das Verhältnis mit den amerikanischen Kollegen wurde ebenfalls geklärt. Herr Maierhöfer wurde der Chef beider Abteilungen und Jeff Peterson sein leitender Vertreter in den USA. Der Workflow wurde künftig von beiden gestaltet, allerdings war jetzt klar, wer das letzte Wort hat. Die Abstimmung zwischen den Teams wurde ebenfalls organisiert. Auch hier spielte die sinnvolle Nutzung von Technik eine große Rolle. Noch wichtiger war es jedoch, dass die Intensität von E-Mails, Telefonaten oder Videokonferenzen gemeinsam besprochen wurden. Man hoffte, dass sich so weniger Fehlinterpretationen in Bezug auf die zwischenmenschliche Ebene zeigen würden.

- Die Workshops lieferten eine spürbare Verbesserung in der Zusammenarbeit. Die enge und vertrauensvolle Zusammenarbeit mit der Fokusgruppe blieb erhalten, sodass operative wie strategische Ideen besprochen wurden. Nach der Fertigstellung des Technikkonzepts folgten vor Ort durch lokale Rollout-Teams Einweisungen zur Bedienung der Hard- und Software, wie auch zu den Kulturstandards der jeweiligen Partner. Die Lernkurven verliefen nicht im gleichen Takt. Die Dynamik war jedoch positiv und die Zusammenarbeit verbesserte sich jeden Tag. Wissens- und Verständnislücken in allen Ländern wurden erkannt und kompetent geschlossen. Die Abstimmung mit dem Lenkungsausschuss blieb anspruchsvoll. Die Programmleiter fanden jedoch am Ende jeder Diskussion eine ausreichende Anzahl an Unterstützern für die vorgeschlagenen Maßnahmen.

**Hintergrundwissen: Lernen ist kultursensibel[23]**
Im Kontakt zwischen verschiedenen Kulturen können die Beteiligten einen „Kulturschock" durchlaufen. Dieser Fachbegriff steht für einen Gefühlszustand, der typisch ist für das Einleben in einer neuen Kultur. Auch in der engen Zusammenarbeit kann es dazu kommen, dass man nach anfänglicher Euphorie plötzlich in eine negative Stimmung fällt bzw. an den eigenen Kompetenzen zweifelt. Dies ist ein wichtiger Aspekt für den Praxisfall, wenn es darum geht eine gemeinsame Arbeits- und Lernkultur zu etablieren. Die Lerntraditionen sind verschieden und die Konfrontation mit einem anderen Wertesystem kann zu Konflikten im Team oder individuellen Lernstörungen führen. Hier eine grobe Übersicht über die Unterschiede:

---

[23]Thomas, A. [20], Thomas, A., u. a. [21], Thomas, A. [19], Müller/Yuan [12], Gißke, A. [4].

| Deutschland | USA | China |
|---|---|---|
| Lehrer vermittelt Grundgedanken, vom Schüler wird der Transfer in andere Sinnzusammenhänge erwartet. | Lehrer vermittelt Grund- und Detailwissen. Es wird sehr stark gemeinsam an der praktischen Anwendung gearbeitet. | Lehrer vermittelt alle Details, sowohl theoretisch wie in der praktischen Anwendung. |
| Kritische Reflexion des Lehrstoffes wird gewünscht. Der Schüler wird ermutigt, einen eigenen Standpunkt einzunehmen. | Interaktion drückt Motivation aus und wird erwartet. | Fragen sind erlaubt, wichtiger ist es jedoch mit Respekt die Anleitung des Lehrers anzunehmen und diese auswendig zu lernen. |
| Lehrer und Schüler sind „Lernpartner" mit verschiedenen Rollen. Der Respekt gegenüber dem Lehrer nimmt ab. Herausfordernde Diskussionen sind Teil des Lernprozesses. | Lehrer und Schüler haben ein persönliches Verhältnis, um die Stärken der Schüler ideal auszubilden. | Der Lehrer ist eine Respektsperson, der man niemals widerspricht. Man unterwirft sich dem Lernprozess und den Inhalten ohne kritische Reflexion. Der Leistungsgedanke überwiegt. |
| Selbstständiges Lernen mit Hinterfragen der Inhalte und Transfer der Inhalt auf neue Sachverhalte sind das Ziel. | Lernen mit viel Anleitung ist die Regel. Erst im akademischen Betrieb wird mehr Selbständigkeit erlaubt und gefördert. | Kein selbständiges Lernen mit Hinterfragen der Inhalte wird angestrebt. Man beginnt mit Auswendiglernen, erst später auf der Grundlage solider Kenntnisse ist die Reflexion erlaubt. |
| Die Anleitung zum richtigen Lernen, zur perfekten Lernsystematik, steht im Mittelpunkt. Sowohl in Bezug auf Grundsatzfragen wie auf unterschiedliche Anwendungsfelder. | Der Transfer von Theorie auf die Praxis ist wichtig. Pragmatische Erwägungen sind maßgeblichfür die Beurteilung der Methoden und der Ergebnisse. Lernen mit Fallbeispielen ist beliebt wegen der Plausibilität. | Das qualitatives Lernen an Anwendungsfällen mit umfassender Berücksichtigung von Erfahrungslernen aus verschiedenen Perspektiven wird angestrebt. |

- Die Geschäftsführung öffnete sich immer mehr dem Gedanken an ein Veränderungs-projekt im Unternehmen. Mark Breitensteiner gefielen die planvollen Diskussionen zwischen allen Standorten in Deutschland, USA und China, weil sie wertvolle Infor-mationen über die Herausforderungen mit Kunden und Mitarbeitern lieferten. Die ver-schiedenen Maßnahmen wie die Qualifizierung der Mitarbeiter durch Workshops, die Zusammenarbeit in der Fokusgruppe oder den Rollout-Teams erhöhte die Kompetenz des Unternehmens merklich. Es kam auch weiterhin zu Kommunikationsstörungen. Sie wurden jedoch schneller erkannt und anschließend zufriedenstellend gelöst. So erhielten die beiden Projektleiter über die nächsten drei Jahre kontinuierlich Mittel und Möglich-keiten, das Programm „digital cooperation" noch tiefer im Unternehmen zu verankern.

**4. Schritt: Highlights and Lowlights im Praxisfall „Kooperation im globalen Geschäftsmodell"**

- Der Praxisfall zeigt, dass sich viele Unternehmen nicht im Klaren sind, wie inten-siv die Veränderungen sind, wenn ein Arbeitsmodell auf Distanz Bedeutung erlangt. Häufig beschränkt man sich auf die Harmonisierung der Informationstechnologie, einige andere ausgewählte Prozessangleichungen und lässt Dialogsoftware oder eine besondere Ausrüstung außer Acht. Im Fall von „Global" erhielten zwei betroffene Führungskräfte die Chance, ihre Eindrücke aus der täglichen Arbeit in einem pragma-tischen Lösungsansatz einzubringen. Sie waren bis zu diesem Zeitpunkt keine Exper-ten für das Thema. Das ist in dem Unternehmen gut gelungen, was sicher auch mit der überschaubaren Größe des Mittelständlers zusammenhängt.
- Positiv fällt auf, dass die beiden Programmleiter sich mit ihren Teams besprochen hatten und die erfahrene Anna Ziegler einbezogen. Sie unterstützte die Initiative tat-kräftig und sorgte für einen pragmatischen Veränderungsplan. So gelang es dem Unternehmen, die Gespräche auf eine breitere Basis zu stellen. Durch die Abstim-mung mit der Fokusgruppe, war das Vorgehen mit einem Schlag nicht mehr „zent-ralenorientiert". Das Unternehmen entwickelt sich – wie vom Geschäftsführer schon lange angestrebt – in Richtung Wissensnetzwerk. Die internationale Zusammenarbeit im Unternehmen funktioniert besser als erwartet und war ein guter Testlauf in Rich-tung lernende Organisation. Das ist sicher eine besondere Leistung der beiden Pro-grammleiter, die die Bedeutung des Themas für das Unternehmen von Beginn korrekt einschätzten und den Geschäftsführer durch Kompetenz und Standvermögen für das Programm einnahmen. Das verdient Respekt.[24]
- Die beiden Programmleiter haben ihr Vorhaben – so war auch der Wunsch des Geschäftsführers Mark Breitensteiner – zuerst nur im Zweierteam reflektiert und kon-zipiert. Das Feedback vom Führungskreis des Unternehmens einzuholen, erscheint mir trotzdem wichtig, um mehr Gesichtspunkte zu betrachten und die Akzeptanz zu erhöhen. In Bezug auf geglücktes Stakeholder Management ist die erste Phase in der Programm-Erstellung folglich nicht so positiv zu bewerten wie im weiteren Verlauf.

---

[24]Kauffeld, S. [6].

- Im Fall erfolgen viele wertvolle Schritte auf einer kollegialen, unkonventionellen Ebene, wie die Konzeption des Programms oder die Organisation zwischen Projektgruppe, Fokusgruppe und Steering Committee. Glücklicherweise war die Erfahrungsträgerin Anna Ziegler im Boot, sodass die konzeptionelle Qualität positiv zu beurteilen ist. Das Programm passt zu „Global", was wichtiger für die gelungene Umsetzung ist als akademische Treffsicherheit. Besonders die interkulturelle Sensibilisierung durch die Workshops an allen Standorten leistet einen hohen Beitrag zur verbesserten Zusammenarbeit. Üblicher wäre es jedoch, einen Berater oder Coach im Projekt als Ideengeber zu beschäftigen. Der Umfang der Zusatzarbeit überfordert die drei Führungskräfte. Der Erfolg im Praxisfall beim Geschäftsführer ist allerdings sicher auch auf die positive Kostenstruktur in der Programmkonzeption und der Implementierung zurückzuführen (beides erfolgte komplett mit internen Ressourcen).
- Die Rolle des Geschäftsführers ist von zwei Seiten zu beurteilen. Er bremst das Programm „digital cooperation" zu Beginn mit seinen Hinweisen in Bezug auf die benötigte Arbeitsruhe im Unternehmen. Schrittweise erlaubt er es jedoch, dass aus der geplanten Problembekämpfung am Ende ein nachhaltiges Transformationsprojekt wird. So stellt er die Gleise, damit das Unternehmen als Ganzes kompetenter wird. Er gibt seinen Führungskräften den Raum, den Informationsaustausch langsam in Richtung „Think Tank" zu verändern.

**Fazit**
- Die beiden Führungskräfte zeigen, dass Sie zu Recht Verantwortung tragen. Auch der anfängliche Gegenwind vom Geschäftsführer bringt sie nicht von ihren Plänen ab, die Zusammenarbeit auf Distanz zu verbessern. Führungspersönlichkeiten wie diese sind ein Glücksfall für jedes Unternehmen.
- Es ist typisch für Geschäftsverantwortliche erst einmal die vermeintlich wichtigen unternehmerischen Schritte zu gehen, wie z. B. den Kauf neuer Firmen oder Fabriken. Häufig werden erst später die Konsequenzen für die Arbeitsorganisation durchdacht. Positiv fällt auf, dass der Geschäftsführer seinen Führungskräften den Raum für die Initiative gab. Etwas mehr strategische Anleitung von seiner Seite und eine intensivere Beteiligung des gesamten Führungskreises hätten dem Konzept sicher genutzt – und Stefan Unterbauer, Sven Maierhöfer und Anna Ziegler in ihrem fordernden Tagesgeschäft entlastet.
- Die eingesetzten Tools und Strategien im Fall sind einem klassischen Werkzeugkasten der Organisationsentwicklung entnommen. Zusammen mit den geplanten technischen Dialog- und Kommunikationstools, sind sie die Grundlage für die veränderte Kultur im Unternehmen.[25]

---

[25]Remdisch, S. [16]; Müller, S./ Flaig, W. [9].

**Was nehmen Sie mit?**

Sie haben den Praxisfall von Sven Maierhöfer und Stefan Unterbauer aus verschiedenen Perspektiven reflektiert. Bitte fassen Sie nun Ihre stärksten Eindrücke zusammen, um so Ihre Gedanken und Lernfortschritte zu dokumentieren. Das Arbeitsblatt hilft Ihnen dabei, in der Chronologie des Praxiskapitels vorzugehen:

**Erster Schritt: Neuland entdecken**

Organisationsentwicklung planen und anstoßen

.................................................................................................................

.................................................................................................................

.................................................................................................................

.................................................................................................................

**Zweiter Schritt: Checkpoint/Kontrollpunkt**

1. ..............................................................................................................

2. ..............................................................................................................

3. ..............................................................................................................

**Dritter Schritt: Praxisgerechte Maßnahmen ableiten**

1. Projektaufbau planen

.................................................................................................................

.................................................................................................................

2. Gespräch mit den Standorten führen

.................................................................................................................

.................................................................................................................

3. Veränderung moderieren

.................................................................................................................

.................................................................................................................

# Literatur

1. Bertelsmann Stiftung. (2015), https://www.bertelsmann-stiftung.de/fileadmin/files/user_upload/Policy-BriefGlobalisierung_Digitalisierung_und_Einkommensungleichheit-de_NW_01_2015.pdf, Zugriff am 06.06.2017.
2. Doppler, K./Lauterburg, C. (2014), Change Management: Den Unternehmenswandel gestalten, 13. Auflage, Frankfurt/New York.
3. Döring, N. (2003), Sozialpsychologie des Internet: die Bedeutung des Internet für Kommunikationsprozesse, Identitäten, soziale Beziehungen und Gruppen, 2. Auflage, Göttingen.
4. Gißke, A. (2009), Die Kulturschockmodelle Kalervo Obergs und Wolf Wagners im Vergleich im Hinblick auf den Kulturschock 'Wiedervereinigung', Norderstedt.
5. Gläser, J./Laudel, G. (2010), Experteninterviews und Qualitative Inhaltsanalyse, Wiesbaden.
6. Kauffeld, S. (2014), Arbeits-, Organisations- und Personalpsychologie für Bachelor, Berlin Heidelberg.
7. Kiesler, S., & Cummings, J. N. (2002), What do we know about proximity and distance in work groups? A legacy of research on physical distance. In Hinds, P./S. Kiesler, S. (Hrsg.), Distributed Work (S. 57–80). Cambridge.
8. Maslow, A. (2017), www.nur-zitate.com/zitat, Zugriff am 19.06.2017.
9. Müller, S./Flaig, W. (2010), Brücken bauen, Führung und Teamqualifizierung auf Distanz, in Personal, 11/2010, Seiten 44–45, Frankfurt.
10. Müller, S./Küntscher, R. (2001), Blick in den Spiegel — Mitarbeiterbefragung, in Arbeit und Arbeitsrecht, 10/2001, Seiten 454–456, Berlin.
11. Müller, S./Semsey, S. (2011), Strategien im Unternehmen erfolgreich umsetzen. Barrieren überwinden und aktiv handeln, Wiesbaden.
12. Müller, S./ Yuan, X. (2017), Führungskräfteentwicklung made in China, Konkrete Fallbeispiele aus der Praxis, Reihe Springer Essentials, Wiesbaden.
13. Raab-Steiner, E./Benesch, M. (2010), Der Fragebogen. Von der Forschungsidee zur SPSS/PASW-Auswertung, 2. Auflage, Stuttgart.
14. Reichwald, R./ Möslein, K. (1999), Medientheorien: Perspektiven der Medienwahl und Medienwirkung im Überblick, Arbeitsbericht Nr. 10 (Februar 1999) des Lehrstuhls für Allgemeine und Industrielle Betriebswirtschaftslehre der Technischen Universität München, http://www.aib.wiso.tu-muenchen.de/publikationen/arbeitsberichte_pdf/TUM-AIB%20WP%20010%20Moeslein%20Medientheorien.pdf, Zugriff am 15.05.2017.
15. Reichwald, R./Möslein, K./Sachenbacher, H./Englberger, H./Oldenburg, S. (1998), Telekooperation, Verteilte Arbeits- und Organisationsformen, Frankfurt.
16. Remdisch, S. (2005), Distance Leadership, Führung auf Distanz, Forschungsprojekt der Universität Lüneburg, Forschungsmaterialien unter http://www2.leuphana.de/distanceleadership, Zugriff am 10.06.2017.
17. Springer Gabler Verlag (Hrg.), Gabler Wirtschaftslexikon, Stichwort: Soziogramm, http://wirtschaftslexikon.gabler.de/Archiv/86103/soziogramm-v8.html, Zugriff am 19.07.2017.
18. Statistisches Bundesamt, https://www.destatis.de, Zugriff am 06.06.2017.
19. Thomas, A. (1996), Psychologie Interkulturellen Handelns, Göttingen.
20. Thomas, A. (2016), Interkulturelle Psychologie. Verstehen und Handeln in internationalen Kontexten, Göttingen.
21. Thomas, A., et.al. (2003), Handbuch Interkulturelle Kommunikation und Kooperation, Göttingen.
22. Tuckman, B. W. (1965), Developmental sequence in small groups, in: Psychological Bulletin. 63, 1965, 384–399.

23. Tuckman, B. W./Jensen, M.A. (1977), Stages of small-group development revisited, in Group and Organization Studies. 2, 4, Dez 1977, 419–427
24. Voigt, C. (2009), Interkulturell Führen. Diversity 2.0 als Wettbewerbsvorteil, (Hrsg.), Offenbach.

# Themen und Methoden für Ihre Führungsarbeit erkennen

**3**

## 3.1 Erwartungen an Führungskräfte in der digitalen Welt

Vielleicht ist es Ihnen beim Lesen aufgefallen: In den Praxisfällen suchten die Führungskräfte aus eigenem Antrieb den Kontakt zu ihren Mitarbeitern, sobald ihnen die Störung in der Zusammenarbeit bewusst wurde. Häufig standen Fragen der Mitarbeiter-Identifikation mit der Aufgabe oder mit dem Team im Mittelpunkt der Kooperationsprobleme. Feedback-Abfragen (mündlich wie schriftlich) und Workshops für Diskussionen mit unterschiedlichen Zielrichtungen spielen in den vier Fallbeispielen eine entscheidende Rolle.

In den Praxisfällen leisten bekannte Strategien und Tools der Führung auch in einem semivirtuellen oder virtuellen Arbeitskontext einen unersetzlichen Beitrag. Sie werden mit neuen technischen Lösungen kombiniert (und der angemessenen Qualifizierung der Mitarbeiter für die reibungslose Bedienung). Der Schwerpunkt der Problemlösung lag in der planvollen Organisation der Kooperation und einer Vielzahl vertrauensbildenden Maßnahmen.

Diesen Gedanken verfolgte ich weiter, um ihn mit meinen Studierenden zu diskutieren.

**Warum?** Wir lehren nach einem semivirtuellen Studienkonzept, das es den Studierenden erlaubt berufstätig zu sein. So können die meisten bereits Erfahrungen mit Führungskräften im Alltag jenseits von Ferienjobs vorweisen. Zudem bilden wir als Hochschule für angewandtes Management unsere Studierenden dafür aus, später eine Führungsaufgabe zu übernehmen. Es liegt zum Punkt „Führung" demnach eine Betroffenheit vor, die aus meiner Sicht kompetente Antworten erwarten ließ.

© Springer Fachmedien Wiesbaden GmbH 2018
S. Müller, *Virtuelle Führung*,
https://doi.org/10.1007/978-3-658-19913-5_3

Ich ging bei Vertretern der Generation Y und Z (Geburtsjahrgänge ab 1980)[1] von einer positiven Haltung gegenüber der virtuellen Zusammenarbeit am Arbeitsplatz aus. Der Grund war die hohe Zufriedenheit unserer Studierenden mit dem Hochschulformat, bei dem sie pro Semester für drei Präsenzwochen vor Ort in den Hochschulräumen studieren, ansonsten jedoch online von uns betreut werden. Als zweiter Grund für meine Vermutung ist die bekannte Affinität der Altersgruppe für Informationstechnologie wie Mobiltelefone oder Plattformen wie Soziale Medien zu nennen.

Die Diskussionen in meinen Bachelor- und Mastervorlesungen überraschten mich allerdings. Die Studierenden bestätigten den breiten Einsatz von Dialog- und Kommunikationstechnologie in vielen Unternehmen (z. B. Firmeninterne Messenger-Plattformen, Online-Chats oder ausgefeilte Videokonferenzsysteme mit der Möglichkeit gleichzeitig komplexe Unterlagen gemeinsam zu diskutieren oder an Whiteboards spontane Gedanken zu sammeln). Die Begeisterung der jungen Talente dafür hielt sich jedoch in Grenzen. In den Gesprächen verwiesen sie nachdrücklich auf die Bedeutung der persönlichen Kommunikation für eine gute Zusammenarbeit und die effiziente Aufgabenerfüllung. Der enge persönliche Kontakt und der gute fachliche Austausch mit Kollegen und Führungskräften sei attraktiv und durch nichts zu ersetzen, wurde mir gesagt.

Nach diesem Feedback entschied ich mich für einen systematischen Schritt, um die Beliebtheit virtueller Teams zu erkunden. Bei den Gruppendiskussionen während meiner Lehrveranstaltungen spielen Einflüsse wie die Gruppendynamik eine große Rolle. Beispielsweise kann die zufällige An- oder Abwesenheit von Meinungsbildnern der Studiengruppe für eine Verzerrung des Antwortverhaltens sorgen. Um diese Faktoren zu minimieren, plante ich eine schriftliche Kurzbefragung vom Wintersemester 2016/2017 bis zum Sommersemester 2017 mit insgesamt vier Studiengruppen.

Als Befragungsgruppen wählte ich Studierende der Fächer Leadership und Teamentwicklung.[2] Der Fragebogen ist mit vier Items bewusst kurz, um die freiwillige Bearbeitung unkompliziert zu halten. Sie erfolgte natürlich anonym. Ich bot ein Paper-and-Pencil-Befragungsformat an, das möglichst viele der ausgewählten Studierenden dazu animiert sich zu beteiligen und die Fragen sorgfältig zu beantworten. Der Bogen umfasste sowohl drei geschlossene Fragen mit vorgegebenen Antworten zum Ankreuzen als auch eine offene Frage mit der Möglichkeit, Wortbeiträge einzutragen. Es war

---

[1]Parment, A. (2013).

[2]Die Befragung erhebt aufgrund der kleinen Stichprobe keinen Anspruch auf Repräsentativität, sondern ist als ergänzende Information bzw. Vorstudie gedacht. Die Befragungsgruppe wurde nach dem Zufallsprinzip zusammengestellt und bestand aus vier Studiengruppen mit insgesamt 115 Studierenden im Alter von meist 23–27 Jahren aus Bachelor- und Masterstudiengängen, wobei 81 Frauen und 34 Männer teilnahmen. Das widerspricht dem deutschen Trend, nachdem in betriebswirtschaftlichen Fächern die Anzahl der studierenden Frauen bei 48 % liegt, was hier als ergänzender Hinweis angefügt wird, https://www.destatis.de, Zugriff am 06.06.2017.

mir wichtig, den Studierenden – neben dem Auswählen standardisierter Antworten – den Raum zu geben, eigene Gedanken und Formulierungen bei den Antworten einzubringen.[3]

Mein Arbeitsziel war es, die Eindrücke aus den Gruppendiskussionen mit dem Befragungsergebnis vergleichen. Als zweite Reflexionsstufe und Plausibilitätsprüfung plante ich die Trends aus den Praxisfällen mit den Befragungsergebnissen zu spiegeln.

**Diese Ergebnisse habe ich gesammelt:**

**1) Attraktivität virtueller Teams**

- Auf die Frage, *wie attraktiv finden Sie die Zusammenarbeit in virtuellen Teams?* antworteten 47,8 % der Befragten mit „trifft überhaupt nicht zu" und „trifft eher nicht zu".
- 8,7 % der Befragten, antworteten mit „weder noch", d. h. sie wollten sich mit ihrer Antwort nicht festlegen. 39,1 % entschieden sich für „trifft eher zu" bzw. 4,3 % für „trifft voll zu".
- Das Stimmungsbild über die Anziehungskraft virtueller Teams ging bei der Befragungsgruppe also mit 47,8 % zu 43,4 % *gegen* die Arbeit auf Distanz aus.

**2) Anreiz in einem Team mit einem „virtuellem Chef" zu arbeiten**

- Der Trend setzt sich fort: Ebenfalls *negativ* eingeschätzt haben die Studierenden die Zusammenarbeit mit einer Führungskraft auf Distanz, da sich 52,1 % für „trifft überhaupt nicht zu" und „trifft eher nicht zu" entschieden haben.
- Ein großer Teil der Befragungsgruppe (26,1 %) war jedoch zumindest teilweise offen für ein entsprechendes Angebot („weder noch").
- Nur 13,04 % stimmt für einen virtuellen Chef bzw. empfanden dies sogar als Anreiz („trifft eher zu" mit 8,6 % bzw. „trifft voll zu" mit 4,3 %)

**3) Nötige Voraussetzungen für eine Beschäftigung in einem virtuellem Team**

Auf die offene Frage *„Welche Voraussetzungen müssten für Sie als Mitarbeiterin/ Mitarbeiter erfüllt sein, damit Sie den Job annehmen?"* gab es erwartungsgemäß eine Streuung im Antwortverhalten. Interessant im Sinne der Analyse der Ergebnisse war es, wie eng die häufigsten Antworten miteinander in Zusammenhang stehen. Lesen Sie unten, welche Anforderungen an ein Job-Angebot in einem virtuellen Arbeitsformat die Befragungsgruppe formulierte:

**Die klaren Spitzenreiter mit zusammen 65,03 % waren diese Punkte:**

- Regelmäßige und häufige persönliche Treffen mit dem Chef und auch mit dem Team (40,1 %)
- Vertrauensverhältnis zwischen allen in einer offenen Firmenkultur (25,2 %)

---

[3]Raab-Steiner, E. und Benesch, M. (2010).

**Weitere Voraussetzungen wurden mit einer niedrigeren Häufigkeit ausgezählt (34,97 %):**

- Gerechte/sehr gute Bezahlung und optimale Personalentwicklung
- Eine Kernarbeitszeit, innerhalb derer alle Mitarbeiter/Chef erreichbar sind
- Klare Aufgabenbeschreibung
- Klare Kommunikation
- Gute technische Ausstattung
- Spannendes Tätigkeitsfeld

Bei diesen Punkten fiel auf, dass die Antworten zahlenmäßig gleich verteilt waren. Es gab keine Kategorie, die häufiger genannt wurde.

**4) Möchten Sie als Führungskraft ein Team „virtuell" führen?**

Die Ergebnisse der Abschlussfrage des Bogens bestätigen den bisherigen Trend:

- Mit „Ja" antworteten 34,8 %.
- 65,2 % der Studierenden stimmten mit „Nein" ab.

Alle Studiengruppen haben sich in einer mündlichen Abfrage dafür ausgesprochen, grundsätzlich im Laufe ihrer Karriere eine Führungsaufgabe übernehmen zu wollen. Die ausgewerteten Daten erlauben den Schluss, dass aus heutiger Sicht von den zukünftigen Managern die Leitung eines Präsenzteams gegenüber einem virtuellen Team bevorzugt wird.

**Zusammenfassung**

In Diskussionen während meiner Vorlesungen sprachen sich die Studierenden deutlich für einen Präsenzarbeitsplatz aus. Ein „virtueller Chef", also eine Führungskraft, mit der man ganz oder in Teilen die Abstimmung online oder per Telefon macht, erschien nicht attraktiv. Meine Studierenden plädierten für die enge persönliche Zusammenarbeit und verfügbare Ansprechpartner. Die systematische Befragung ergab – entgegen meiner Erwartungen – die gleichen Ergebnisse. Auch hier entschied man sich gegen die virtuelle Zusammenarbeit. Der Wunsch nach regelmäßigen, persönlichen Treffen mit dem Team und der Führungskraft ist wichtig für die Befragungsgruppe und wird als Voraussetzung für die Zusammenarbeit auf Distanz genannt. Aspekte wie eine gute technische Ausrüstung oder klare Aufgabenbeschreibungen sind ebenfalls erwähnt worden, haben allerdings nicht den gleichen Stellenwert wie die zwischenmenschliche Interaktion.

Die Befragungsergebnisse und die Analyse der Praxisfälle geben erste Hinweise in Sinne einer Vorstudie, dass die vertrauensvolle Zusammenarbeit der Erfolgsfaktor in der virtuellen Zusammenarbeit ist. Natürlich müssten breitere wie tiefere Studien folgen, um aussagekräftige Ergebnisse vorzulegen.[4]

Im nächsten Abschnitt stelle ich die Anwendung der Werkzeuge aus den Praxisfällen vor.

## 3.2   Werkzeugkasten für die virtuelle Führung

Sie haben beim Durcharbeiten der Fallbeispiele verschiedene Hilfsmittel kennengelernt. In Kap. 3 biete ich Ihnen eine kommentierte Zusammenfassung an.

Damit Sie sich einfach orientieren können, habe ich das Kapitel chronologisch nach den Praxisfällen geordnet, die Sie in Kap. 1 kennengelernt haben:
– Kollegen im Home Office ideal einbinden
– Teammitglieder in anderer Stadt
– Zusammenarbeit zwischen verschiedenen Abteilungen
– Kooperation im globalen Geschäftsmodell

- Unter dem Stichwort „Zur kurzen Erinnerung" finden Sie einen Überblick über die Aufgabenstellung im Praxisfall.
- Lernen an Beispielen steht für mich im Mittelpunkt. Ich bespreche die Werkzeuge mit Bezug auf das Fallbeispiel. Mein Anspruch ist folglich nicht die wissenschaftliche Reflexion oder ein theoretischer Methodenvergleich. Das Vorgehen erleichtert es Ihnen, möglichst viele Informationen auf die Herausforderungen Ihres Alltags zu übertragen und mit dem geeigneten Hilfsmittel zu reagieren. So unterstützt, können Sie sich ohne großen Zeiteinsatz die Anpassung an Ihre Aufgabenstellung zutrauen.
- Ich stelle Ihnen vor, wie und warum die Protagonisten die Hilfsmittel im Fall konzipiert oder an die spezifischen Anforderungen angepasst haben. Mein Augenmerk liegt darauf, Ihnen den Praxisnutzen für die digitale Arbeitswelt realistisch vorzustellen. Deshalb gliedere ich meinen Kommentar in drei Kategorien:

- – Zielsetzung und Anwendung
- – Nutzen
- – Beschreibung

- Schnell- oder Querleser unterstütze ich gerne: Die Leserführung in Kap. 1 hilft Ihnen zusätzlich beim schnellen Erfassen der Inhalte.

---

[4]Erste Hinweise liefern die Studien von beispielsweise Parment, A. (2013), Nink, M. (2014) oder Seehofer, P. (2014).

**Ein Werkzeug für alle Praxisfälle**

Sicher haben Sie beim Durcharbeiten der Praxisfälle bemerkt: In allen Praxisbeispielen biete ich Ihnen den Arbeitsbogen „Führungsnavigator" an. Sie sind eingeladen, Ihre Eindrücke vom Praxisfall zusammenfassen, mit eigenen Erfahrungen zu vergleichen und Empfehlungen abzugeben. Die Reflexion mit dem Arbeitsbogen unterstützt Ihr Verständnis für die Themenstellung.

---

**Führungsnavigator**

1. Wie schätzen Sie die Bedürfnisse des Teams/Projektgruppe ein?

   .................................................................................
   .................................................................................

2. Wie beurteilen Sie das aktuelle Vorgehen der Führungskraft im Praxisfall?

   .................................................................................
   .................................................................................

3. Welche Veränderungen schlagen Sie vor (operativ/strategisch)?

   .................................................................................
   .................................................................................

**Ein Blick auf Ihre persönlichen Erfahrungen mit Führungssituationen**

1. Welche Erfahrungen haben Sie als Führungskraft mit dieser Teamkonstellation und der nötigen virtuellen Zusammenarbeit gesammelt? Wie leicht ist es Ihnen gefallen, die Ziele zu erreichen und alle Mitarbeiter „im Boot zu behalten"? Mit welchen Informationen haben Sie gearbeitet?

   .................................................................................
   .................................................................................

2. Waren Sie als Mitarbeiter schon in einer virtuellen Arbeitssituation? Wie gut haben Sie sich vom Team und der Führungskraft „abgeholt" gefühlt? Was hat Sie motiviert – was hat Ihnen weniger gut gefallen?

   .................................................................................
   .................................................................................

---

**Zielsetzung und Anwendung**

Der Arbeitsbogen fordert Sie auf, alle erhaltenen Informationen zur Situation und den Herausforderungen bei der Führung des Teams zusammenzufassen und zu durchdenken. Sie erhalten die Gelegenheit, Vergleiche mit eigenen Erlebnissen anzustellen.

**Nutzen**
Die offenen Fragen geben Ihnen den Raum, Ihr Praxiswissen und die neuen Eindrücke zu verbinden. Anschließend vergleichen Sie Ihre Einschätzung mit den folgenden Schritten im Praxisfall. Dieser Vergleich schafft die Grundlage für den gelungenen Transfer in den Alltag.

**Beschreibung**
Mit fünf Reflexionsfragen setzen Sie persönliche Schwerpunkte für Ihre weitere Arbeit in den Praxiskapiteln. Sie halten Ihre Gedanken zum Praxisfall fest und sensibilisieren sich für Ihre Lernfortschritte. Die Notizen tragen Sie unkompliziert in die Antwortboxen ein.

## 3.2.1   Praxisfall: Kollegen im Homeoffice ideal einbinden

**Fokusthema: Selbstwahrnehmung als Führungskraft kontinuierlich schärfen**

**Zur kurzen Erinnerung**
Dirk Schlickenrieder ist eine erfahrene Führungskraft, trotzdem kommt sein Führungsverhalten aktuell nicht mehr so gut im Team an. Er hat sich auf seine Erfahrungen verlassen und die spezifischen Anforderungen der neuen Mitarbeiter im Homeoffice aus den Augen verloren, das zeigen erste Rückmeldungen. Dirk Schlickenrieder nutzte die Systematik „Blick in den Spiegel", um die Situation mental einzuordnen und wieder in den Griff zu bekommen:

a) Selbstbild zeichnen
b) Upward Feedback abfragen und Selbstbild aktualisieren

**Zielsetzung und Anwendung**
Die Systematik unterstützt Sie dabei, die Bedürfnisse der neuen Mitarbeiter wie auch die der Stammmitarbeiter mit dem Führungsverhalten von Dirk Schlickenrieder in Verbindung zu bringen (und den Erfolg einzuschätzen). Die Klärungs- und Analysefragen liefern Ihnen Hilfestellungen, um „blinde Flecken" Ihrer Wahrnehmung zu identifizieren und mit Ihrer Außenwirkung zu vergleichen.

**Nutzen**
Sie lernen Ihre Selbst- und Fremdwahrnehmung noch besser kennen. Das steigert Ihren Erfolg bei ihrem Team, weil Sie die Erwartungen der Mitarbeiter und die gesetzten Unternehmensziele durch punktgenaue Maßnahmen noch besser verbinden.

**Beschreibung**
Die Systematik ist in zwei Stufen untergliedert: Selbstbild und Fremdbild. Diese klassische Betrachtungsweise verliert nie an Aktualität. Die Systematik unterstützt auch erfahrene Führungskräfte dabei, die Führungs- und Kommunikationsziele des virtuellen Teams – hier im Unternehmen „Schnellgewachsen" – in keiner Arbeitsphase aus den Augen zu verlieren.

**Fragebogen für Teamfeedback mit einem Workshop**

**Zielsetzung und Anwendung**
Der Fragebogen unterstützt die Führungskraft dabei, anonym von den Mitarbeitern Feedback über ihre aktuelle Führungsleistung zu erhalten. Er ist gut verständlich, kurz und daher gut geeignet nach angemessener Zeit erneut eingesetzt zu werden, um Veränderungen zu messen. Der dazu gehörige Workshop für die Ergebnispräsentation schafft das Forum, um die Ergebnisse zu hinterfragen, zu reflektieren und gemeinsam als Team zu bewerten. Der Moderator sorgt für den professionellen Ablauf und bietet den Mitarbeitern emotionalen Schutz, wenn die Diskussion schwierig wird und eine neutrale Gesprächsführung hilfreich ist.

**Nutzen**
Feedback-Gespräche sind für alle Beteiligten anspruchsvoll. Nicht nur bei der Führungskraft, die Rückkopplung erhält, liegen die Nerven blank. Auch für die Mitarbeiter ist es schwer, die Eindrücke in passende Worte zu packen oder sich faire Eindrücke vor Augen zu rufen. Die Kombination aus anonymen Fragen und der strukturierten Diskussion im Workshop sorgt für einen perfekten Rahmen, um diese Herausforderung zu meistern.

**Beschreibung**
Der Fragebogen besteht aus fünf Themenkomplexen mit insgesamt vierzehn Einzelfragen. Mit Multiple-Choice-Antworten stehen Lösungsangebote in fünf verschiedenen Skalierungen zur Verfügung. Das Ausfüllen erfordert nur geringen Aufwand, liefert standardisierte Ergebnisse und kann – durch die Inhaltsgleichheit mit dem Selbsteinschätzungsbogen der Führungskraft – ideal für einen Vergleich der Teamergebnisse mit der Einschätzung von Dieter Schlickenrieder genutzt werden. Der in diesem Kontext abgehaltene Drei-Stunden-Workshop besteht aus drei Programmteilen: Ergebnispräsentation (1), Vergleich zwischen der Einschätzung von Herrn Schlickenrieder und dem Team zu seiner Führungsleistung (2), sowie Diskussion zu den nächsten gemeinsamen Schritten (3). Der Workshop ist gut geeignet, den Rahmen für eine nicht zu lange Aussprache zwischen Führungskraft und Mitarbeitern zu schaffen.

**Interviews mit den Teammitgliedern**

**Zielsetzung und Anwendung**
Die Führungskraft im Praxisfall suchte nach Informationen über den „idealen Workflow" aus der Sicht der Präsenzmitarbeiter und ebenfalls der Kollegen im Homeoffice. Um die Stärken und Schwächen des aktuellen Kooperationsmodells zu erfassen, sind Einzelinterviews ideal. Zudem ging es darum, Lösungsvorschläge aus der Sicht der Betroffenen abzuholen. Dafür sind Interviews gut geeignet, denn so kann das Team durch kreative Anregungen die Zusammenarbeit mitgestalten. Die offenen Fragen und die private

Gesprächsatmosphäre in einem Interview eignen sich zudem gut, um Wertschätzung und Interesse an den Meinungen zum Ausdruck zu bringen.

**Nutzen**

Dirk Schlickenrieder wollte ohne Zeitverlust bisher marginalisierte Mitarbeiter (das E-Mail-Team) einbeziehen. Zudem suchte er nach qualitativ hochwertigen Informationen, um die Motivation im Team zu stärken. Die Interviews bedienten beide Anliegen. Die Auswertung mit der qualitativen Inhaltsanalyse ermöglichte außerdem einen aufschlussreichen Vergleich der Antworten zwischen Stammmitarbeitern und den Neuen.

**Beschreibung**

Der Interviewleitfaden setzt sich aus acht offenen Fragen zusammen. Es geht um die Aufgaben, die Ziele und die Zusammenarbeit mit Kollegen im Team und außerhalb. Der Umfang ist gut geeignet circa eine Stunde mit jedem Mitarbeiter zu sprechen. Das Format ist gut geeignet, um Zwischentöne zu erfassen.

**Umsetzungsbegleitung der festgelegten Maßnahmen: Zufriedenheitsbefragung**

**Zielsetzung und Anwendung**

Dirk Schlickenrieder war es wichtig, nach diesen zeit- und arbeitsintensiven Bemühungen, die Fortschritte in der Kooperationsleistung des Teams zu messen. Dazu kam eine klassische Zufriedenheitsbefragung zum Einsatz, die aus drei Fragen bestand. Jede Woche sollten die Mitarbeiter (solange sie sich beteiligen wollten), diese Punkte bewerten. Im Teammeeting sollten die Ergebnisse kurz präsentiert und besprochen werden. Das Tool ist trotz der operativen Vorteile eher als Vehikel gedacht, um im Teammeeting ohne Scheu über das Verbesserungspotenzial in der Abteilung zu sprechen.

**Nutzen**

Die Maßnahme liefert statische Informationen über die Zufriedenheit aller Mitarbeiter, die gut vergleichbar sind. Da Dirk Schlickenrieder alle im Team an die Abteilung binden wollte, lieferte die Maßnahme eine wertvolle Intervention zur Lage im Team. Es kommt noch hinzu, dass Dirk Schlickenrieder sein Verhalten änderte und auch einen neuen Arbeitsstil (inklusive technischer Medien für die virtuelle Zusammenarbeit) einführte. Auch für diese Investitionen empfiehlt es sich, die Rückmeldung der Mitarbeiter einzuholen. So können Missstände schnell erkannt werden.

**Beschreibung**

Der Online-Fragebogen befasst sich mit der Zufriedenheit im Team (1), in der Zusammenarbeit mit dem Chef (2) und mit der eigenen Arbeit (3). Für die Beantwortung steht eine Skala von null bis zehn zur Verfügung, sodass feine Abstufungen in der Meinungsabgabe möglich sind. Die Führungskraft kann die Stimmungslage unkompliziert einschätzen und steuern.

## 3.2.2 Praxisfall Teammitglieder in anderer Stadt

**Fokusthema: Zeitnahe Diagnose und Handlungsoptionen erweitern**

**Zur kurzen Erinnerung**
Isabell Kammerer leitet die Marketingabteilung von „Supertechnik". Das Unternehmen ist durch Firmenzukäufe gewachsen, sodass die Mitarbeiter der Abteilung dauerhaft auf verschiedene Standorte in Deutschland aufgeteilt sind. Die Abstimmung innerhalb des Teams oder mit Frau Kammerer erfolgt per E-Mail oder durch Telefonate. Das Team von Isabell Kammerer bewältigte alle Aufgaben aus ihrer Sicht zufriedenstellen, bis ihr Feedback aus dem Unternehmen zeigt: diese Einschätzung ist nicht (mehr) zutreffend. Sie hat die Probleme offensichtlich übersehen. Es gibt Mängel in der Qualität und im Kooperationsgeist. Frau Kammerer arbeitet mit der Systematik „Lage erkennen", um die Situation präzise zu erfassen und schrittweise zu bereinigen:

a) Ratlosigkeit überwinden
b) Gedanken visualisieren
c) Ressourcen aktivieren

**Zielsetzung und Anwendung**
Die Systematik unterstützt Sie dabei, mit einem für Sie überraschend schlechten Feedback über die Leistungskraft Ihres Teams umzugehen. Sie überwinden rasch negative oder blockierende Gefühle, die Sie bei der Lösung des Problems behindern. Durch das Wecken Ihrer Ressourcen steht Ihnen Ihr Erfahrungswissen wieder zur Verfügung.

**Nutzen**
Sie lernen ohne Verzögerung auf eine negative Aufgabe zu reagieren. Die Systematik stellt Ihnen einen konstruktiven Weg vor, Ihre bisherige (vielleicht falsche Meinung) zu reflektieren und so Ihr Gesichtsfeld zu erweitern. So lösen Sie die Probleme, anstatt diese zu ignorieren.

**Beschreibung**
Die Systematik ist in drei Stufen untergliedert: Ratlosigkeit durch Enttäuschung überwinden (1) und Selbstzweifel in den Griff bekommen. Die eigenen Gedanken visualisieren (2), damit eingeübte Denkmuster von Ihnen selbst mit Distanz bewertet werden können. Im letzten Schritt aktivieren Sie Ihre Ressourcen (3), sodass Sie Ihre geistige Unabhängigkeit wieder gewinnen und die Situation nüchtern einschätzen können. Wichtig ist es dabei, zwar eigene Schwächen schonungslos zu erkennen ohne in Selbstvorwürfen stecken zu bleiben. Die Lösungskompetenz für die Situation im semi-virtuellen Team von „Supertechnik" steht immer im Mittelpunkt.

**Tabelle 2 zur Einschätzung des Reifegrades im Team**

**Zielsetzung und Anwendung**
Isabell Kammerer nutzt ein klassisches Modell der Teamentwicklung als gedanklichen Ausgangspunkt: die Teamphasen nach Tuckmann (Forming, Storming, Norming und Performing). Die Führungskraft möchte verstehen, wie die Reife in ihrem Team zu beurteilen ist, was das Kooperationsvermögen angeht. Sie verknüpft das Modell mit einer Tabelle, um ihre Eindrücke zu dokumentieren. Sie sammelt für jede der Entwicklungsphasen Argumente, um am Ende ein Fazit auf der Grundlage der Einschätzungen über das Team zu ziehen. Sie berücksichtigt die verschiedenen Standorte und die überwiegend virtuelle Kommunikation.

**Nutzen**
Teamentwicklungsmaßnahmen leisten den höchsten Beitrag, wenn sie zum Entwicklungsniveau des Teams passen. Häufig setzen Führungskräfte jedoch – unabhängig von der konkreten Situation – immer das gleiche Set an Maßnahmen in der täglichen Führungsarbeit ein. Die Tabelle hilft Isabell Kammerer die Argumente zu sammeln und ihr Gesichtsfeld zu verbreitern.

**Beschreibung**
Die Tabelle ist in vier Zeilen für die Teamphasen und zwei Spalten aufgeteilt. So kann Frau Kammerer die Argumente sammeln, die für und gegen die jeweilige Teamphase sprechen. Am Ende jeder Teamphase fasst Frau Kammerer in einer Zeile ihr Fazit zur Phase zusammen. Am Ende steht das Gesamtfazit, das sich durch die strukturierte Gedankensammlung auf der Grundlage des Konzepts einfach ziehen lässt.

**Teamworkshop in drei Tagen**

**Zielsetzung und Anwendung**
Der Workshop verfolgt mehrere Ziele gleichzeitig, denn er soll einerseits den Zusammenhang zwischen den verschiedenen Standortgruppen der Abteilung stärken. Andererseits sind neben Übungen zur Stärkung der Beziehungsebene auch Workshops zu den Stärken der Abteilung und den gemeinsamen Qualitätsstandards geplant. Da dies der erste Workshop ist, bei dem alle in der Abteilung so viel Zeit miteinander verbringen können – und aufgrund der Themenvielfalt, sowie der An- und Abreisezeiten der Mitarbeiter – entscheidet sich die Führungskraft im Praxisfall für einen Drei-Tages-Workshop.

**Nutzen**
Die Führungskraft hat sich bei der Gestaltung der bisherigen Zusammenarbeit überwiegend von Sachaspekten und ihren eigenen Vorlieben in Bezug auf Medienauswahl oder Kommunikationsform leiten lassen. Sie hat diesen Fehler erkannt und möchte nun allen im Team Raum geben, um sich einzubringen und dabei auch alle Kollegen noch besser

kennenzulernen. Der Drei-Tages-Workshop erweist sich als das ideale Forum, um verhärtete Fronten im Team aufzuweichen.

**Beschreibung**
Die Agenda verbindet abwechslungsreich kreative Elemente, die die Beziehungsebene
im Team stärken (Basteln, Darts werfen, Wandern mit Motto) mit der Arbeit an Sach-
fragen zur Kompetenzmatrix im Team (Lieblingsprojekte, Stärken und Schwächen) und
gemeinsamen Qualitätsstandards. Viel Zeit erhält auch die Diskussion, welche Arbeitsweise für die virtuelle Abstimmung im Team für alle Mitarbeiter sinnvoll ist. Der Workshop wird von einer externen Moderatorin geleitet, sodass sich die Führungskraft auf die
Inhalte konzentrieren kann.

### 3.2.3    Praxisfall Zusammenarbeit zwischen verschiedenen Abteilungen

**Fokusthema: Kontrollverlust akzeptieren**

**Zur kurzen Erinnerung**
Der Projektleiter Peter Dressler koordiniert eine Gruppe von Top-Führungskräften in
einem internationalen Anlagenprojekt bei „Netzwerk". Man ist im Unternehmen an die
virtuelle Zusammenarbeit gewöhnt. In dieser Konstellation gibt es jedoch wenig gemeinsame Arbeitserfahrung zwischen den Ressortleitern. Die Kommunikation ist schleppend,
dann stockt sie ganz – unabhängig von den eingesetzten Medien. Bald ist die Stimmung
spürbar schlecht. Peter Dressler versucht fehlende Informationen über das Projekt durch
immer stärke Kontrolle auszugleichen. Schnell muss er bemerken, dass er in einer Sack-
gasse steckt und der Informationsfluss zwischen allen Beteiligten immer lückenhafter
wird. Streitigkeiten sind an der Tagesordnung. Eine Lösung scheint in weiter Ferne. Die
Reflexionssystematik „Diagnose stellen" bietet Abhilfe in fünf Teilschritten (siehe nachfolgend bei Beschreibung).

**Zielsetzung und Anwendung**
Die Systematik leitet Sie dabei an, Hintergrundinformationen über die Situation zu sammeln und korrekt zu bewerten. Es geht darum, die emotionalen Unterströmungen in der
Projektgruppe offenzulegen. Da es sich um sehr erfahrene Mitglieder des Top-Manage-
ments von „Netzwerk" handelt, lassen sich die Motive und Verhaltensweisen nicht auf
den ersten Blick erkennen. Auch das Verhältnis der Projektgruppenmitglieder zum Projektleiter ist ein Teil der Reflexion.

**Nutzen**
Sie lernen bei der Beseitigung einer schwierigen Kommunikationsstörung die Gruppendy-
namik einzubeziehen. Dazu analysieren Sie die Bedarfslage der Beteiligten und verstehen
Ihren aktuellen Einfluss auf die Meinungsbildner besser bzw. bauen Ihren Einfluss aus.

**Beschreibung**

Die Systematik nutzt die Aspekte a) Personen betrachten, b) Strukturen reflektieren, c) Soziogramm als Unterstützung für die Reflexion, d) Fazit und e) Feedbackprozess beginnen. Sie blicken der Führungskraft über die Schulter, sodass Sie die Komplexität der Situation schrittweise gemeinsam mit dem Protagonisten des Falls Dieter Dressler reduzieren.

**Soziogramm anstatt Organigramm (mit Reflexionstabelle)**

**Zielsetzung und Anwendung**

Das Soziogramm beschreibt das soziale System in einer Gruppe von Menschen. Es hilft dabei zu verstehen, wie die sozialen Rollen verteilt sind: wer hat die inoffizielle Macht, wer ist beliebt, wer steht im Abseits? Funktionen oder Job-Titel werden – anders als in einem Organigramm – bewusst nicht betrachtet.

**Nutzen**

Im Praxisfall nutzt der Projektleiter das Soziogramm, um zu verstehen, was die Gründe für die massiven Kommunikationsstörungen in der Projektgruppe sein könnten. Es gelingt ihm, beim Erstellen und Reflektieren des Soziogrammes sich von seinen oberflächlichen Einschätzungen der Personen zu distanzieren. Zudem erkennt er, dass er einem inoffiziellen „Führungsduo" erlaubt hat, die Macht in der Projektgruppe an sich zu reißen. Das ist ein wichtiger Aspekt für die weiteren Lösungsschritte.

**Beschreibung**

Ein Soziogramm ist eine Grafik, in der man für jede Person in der Projektgruppe ein Symbol wählt (hier: Kreise). Durch die Gruppierung in einem Feld drückt man die Beziehung der Personen untereinander aus: Nähe oder Distanz, Überordnung- oder Unterordnung, Integration oder Ausgrenzung. Hier wurde auf die Markierung des Kommunikationsflusses durch Pfeile verzichtet, weil dies im Text differenzierter dargestellt wurde.

**Drei-Fragen-Feedback**

**Zielsetzung und Anwendung**

Der kurze Feedback-Bogen wird im Praxisfall als Interviewleitfaden eingesetzt. Ziel ist es, mit drei offenen Fragen, die Gedanken der Führungskräfte in der Projektgruppe aufzunehmen.

**Nutzen**

Die Stimmung der Sprecher ist durch die Wortbeiträge spürbar, trotzdem ist das Verfahren unkompliziert und schnell wie ein Multiple-Choice-Verfahren. Die Führungskräfte werden mit dem Interview „zum Gespräch" eingeladen, was auch im übertragenen Sinne ein wichtiges Signal in dieser Phase des Praxisfalls ist.

**Beschreibung**

Der Leitfaden besteht aus drei offenen Fragen, die von einer Interviewerin in einem Gespräch oder Telefonat gestellt werden. Auch die Auswertung erfolgt durch diese Dame mit der qualitativen Inhaltsanalyse. Das Verfahren sichert die Anonymität des Sprechers und seiner Inhalte, weil diese abstrahiert und neu formuliert werden. Die Ergebnisse werden als Zusammenfassung an alle Mitglieder der Projektgruppe zurück gespielt und sind die Grundlage für weitere Gespräche in einem Workshop (siehe unten).

**Ein-Tages-Workshop der Projektgruppenmitglieder**

**Zielsetzung und Anwendung**

Die Kommunikationsstörungen führten zu verletzten Gefühlen und dem emotionalen Rückzug einzelner Führungskräfte in der Projektgruppe. Der Projektleiter übernimmt durch den Workshop wieder spürbar das Zepter und setzt ein Management-Instrument als Intervention ein. Er möchte den Missstand im Team identifizieren und – durch einen gemeinsamen Ansatz im Workshop-Format – ausräumen.

**Nutzen**

Der Workshop ruft den Führungskräften die übliche Business-Etikette ins Gedächtnis, nachdem Probleme in der Zusammenarbeit zwischen den Beteiligten an einem Tisch besprochen werden. Diese Botschaft kommt bei den „starken Charakteren" der Projektgruppe an und unterstreicht die Position des Projektleiters als verantwortlichen Koordinator.

**Beschreibung**

Der Workshop nutzt ein kurzes Format von 9:00 Uhr bis 16:30 Uhr, um allen Teilnehmern die Chance zu geben, ihr Tagesgeschäft ebenfalls angemessen zu betreuen. Er findet auch deshalb in den Räumen des Unternehmens statt, um Wegzeiten für die Teilnehmer zu vermeiden. Durch die intensive Vorbereitung mit dem Drei-Fragen-Feedback gelingt es der Gruppe, trotz des Zeitdrucks die Kommunikationsstörungen zu benennen und passende Lösungen zu skizzieren. Auch die sinnvolle Technik in der virtuellen Zusammenarbeit spielt hier eine große Rolle, erst mussten jedoch die zwischenmenschlichen Anliegen geklärt werden.

**Drei-Stufen-Kommunikationsplan**

**Zielsetzung und Anwendung**

Der Projektleiter im Praxisfall weiß aus seiner langen Führungserfahrung, dass auch nach einem positiven Workshop die Energie schnell verpufft und sich alle Muster wieder breit machen. Er sucht nach einem Werkzeug, das ihm hilft nachhaltig die Zusammenarbeit in der Projektgruppe zu verbessern. Eine mehrstufige Sensibilisierung (also ein Konzept vom Statusbericht im Workshop bis zur Umsetzungsbegleitung von den beschlossenen Maßnahmen) erscheint ihm sinnvoll.

**Nutzen**

Der Kommunikationsplan unterstützt die Verhaltensveränderung der Projektgruppenmitglieder in drei Stufen, d. h. sowohl kognitive wie emotionale Aspekte werden einbezogen. Wertschätzendes Kommunikationsverhalten kann schrittweise etabliert werden und sorgt für „Tauwetter" zwischen den Führungskräften.

**Beschreibung**

Der Kommunikationsplan sieht drei Stufen der Sensibilisierung vor:

a) Information: Erhebung des Status der Kooperation im Projektteam.
b) Kommunikation: Information des Projektteams, wie der Status von den einzelnen Kolleginnen und Kollegen eingeschätzt wurde.
c) Aktion: Maßnahmen zur Verbesserung der Kommunikation im Projektteam besprechen und beschließen (virtuell und in Präsenz).

Sie kommen im Praxisfall nacheinander zum Einsatz und sorgen dafür, dass keiner der Mitglieder in der Projektgruppe überrumpelt wird. Im Fallbeispiel kommt die gewünschte Aktivierung zustande.

### 3.2.4  Praxisfall Kooperation im globalen Geschäftsmodell

**Fokusthema: Globalisierung und Digitalisierung**

**Zur kurzen Erinnerung**

Das Unternehmen „Global" hat ohne Maßnahmen zur Begleitung der Integration zwei Standorte im Ausland aufgekauft. Auch ein Masterplan für die virtuelle Zusammenarbeit existiert nicht. Im Arbeitsalltag der Entwicklungsabteilung und der Produktion häufen sich die Schwierigkeiten im Arbeitsablauf und der Zielerreichung, sodass die beiden betroffenen Bereichsleiter nach Lösungen suchen. Weder die Technik noch die Menschen sind auf die Zusammenarbeit auf Distanz vorbereitet. Es ist klar: das Unternehmen muss sich durch neue Strukturen, Prozesse, Informationstechnologie – aber auch Personalentwicklung – anpassen. Die beiden Kollegen nutzen die Systematik „Organisationsentwicklung planen und anstoßen", um zu verstehen, welche Transformation im Unternehmen möglich und nötig ist.

**Zielsetzung und Anwendung**

Stefan Unterbauer und Sven Maierhöfer sehen zu Beginn ihrer Initiative den „Wald vor lauter Bäumen nicht". Es ist noch nicht klar, ob die Anforderungen in der Zusammenarbeit mit USA und China in einen gemeinsamen Bezugsrahmen gesetzt werden können. Ziel ist es, die Gemeinsamkeiten und Unterschiede in der Arbeit mit den Standorten in Übersee zu bewerten. Mögliche Synergien zwischen der Entwicklungsabteilung und der Produktion sollen gefunden werden. Ziel ist es, wenn möglich, gemeinsame Standards für beide Abteilungen zu entwickeln.

**Nutzen**

Sie lernen eine sehr komplexe Situation zu abstrahieren und in Bezug auf die wesentlichen Problemfelder zu reduzieren. So gelingt es Ihnen, die passende Organisationsentwicklung zu planen, damit die virtuelle Zusammenarbeit in einem strategischen Rahmen eingebettet wird – ohne das Augenmaß zu verlieren, damit Sie nicht mit „Kanonen auf Spatzen schießen". Da es das erste Veränderungsprojekt im Unternehmen ist, bietet das Vorgehen die vom Geschäftsführer gewünschte „schlanke und unaufgeregte Anmutung". Trotzdem ist es gut durchdacht und unterstützt das Unternehmen und die Menschen bei der Anpassung an die neue (teilweise virtuelle) Arbeitssituation.

**Beschreibung**

Die Systematik führt die beiden Führungskräfte durch vier Reflexionsstufen:

a)  Situation beschreiben
b)  Realistische Ziele auf der Arbeitsebene erkennen
c)  Barrieren definieren
d)  Lösungswege festlegen

**Lastenheft für die Organisationsentwicklung**

**Zielsetzung und Anwendung**

Auf der Suche nach einer realistischen Zielrichtung für das Programm, beginnen die beiden Führungskräfte mit einer Stoffsammlung bzw. einem Brainstorming. Sichtbare Gemeinsamkeiten in den Herausforderungen mit den USA und China lassen sich auf einer abstrakten Ebene feststellen, sodass im nächsten Schritt erst gemeinsame Arbeitsziele, dann ein Lastenheft für die Erfüllung der Ziele definiert werden. Es geht darum, alle operativen Aufgaben schriftlich zusammenzufassen und in eine thematische Reihenfolge zu bringen, die für die definierte Zielsetzung nötig sind.

**Nutzen**

Das Format des Lastenhefts zwingt die beiden Führungskräfte dazu, über die konkreten Schritte in Richtung der Zielerfüllung nachzudenken. Aus einer Strategie wird ein konkretes Programm, da der Inhalt aus klar benannten Aufgaben- oder Aufgabenpaketen besteht. So kann der Umfang (Tiefe wie Breite) der Anforderungen erstmalig eingeschätzt werden. Später stehen die Punkte als Checkliste für das Programmmanagement zur Verfügung.

**Beschreibung**

Die beiden Protagonisten entscheiden sich für sieben Aspekte, die als Ordnungspunkte genutzt werden. Diese sind aus ihrer Sicht die kritischen Erfolgshebel für das Gelingen des Programms. Die Aspekte sind weiter untergliedert, ohne zu sehr ins Detail zu gehen. Das Lastenheft ist also eine Liste, die durch ihre Übersichtlichkeit gut geeignet ist, als Grundlage für weitere Gespräche eingesetzt zu werden (wie im Praxisfall erfolgt). Das Lastenheft ist ein Instrument aus dem Projektmanagement, sodass es später auch für die Steuerung der Zielerreichung zum Einsatz kommt.

**Inoffizielles Feedback vom Team**

**Zielsetzung und Anwendung**

Die Führungskräfte machen sich von Anfang an über mögliche Barrieren Gedanken, die ihr Programm bei der Implementierung überwinden muss. Damit ist gemeint, dass die Inhalte möglichst gut an die Bedarfe der Entscheider und der beteiligten Mitarbeiter angepasst werden müssen, damit das Programm genügend Akzeptanz im Unternehmen findet. Der Praxisnutzen muss für alle Anspruchsgruppen erkennbar sein. Den ersten Testballon lassen Herr Maierhöfer und Herr Unterberger steigen, indem sie die Zielrichtung des Programms und das vorläufige Lastenheft mit ihren Teams besprechen. Die beiden Abteilungen haben ausreichend Erfahrung mit der virtuellen Zusammenarbeit gesammelt, um auskunftsfähig zu sein. Die Teambe-sprechungen sind als erster Qualitätscheck für die Gedankensammlungen zu verstehen.

**Nutzen**

Die intersubjektive Nachvollziehbarkeit des Konzept-Entwurfs wird in der Diskussion mit den Teams geprüft. Gedanken „von der Basis" können gehört und aufgenommen werden, sodass die Aufgabenerfüllung nochmals geschärft wird. Das Feedback ist ein wichtiger Schritt, um die Güte des Programms zu sichern.

**Beschreibung**

Beide Teams geben zuerst schriftliches Feedback (auf Metaplankarten) ab. Im zweiten Schritt folgt eine Diskussion zum Programm, um auch Wortbeiträge von den Teams einzubeziehen. Die Führungskräfte folgen einer Inhaltsstruktur mit drei gut bekannten Themenclustern: Kunden, Mitarbeiter und die Anforderungen der Organisation. Die Qualität der Rückmeldungen war auf einem hohen Niveau, sodass wertvolle Informationen von den Teams aufgenommen wurden. Zum Plausibilitätscheck der gesammelten Ergebnisse zogen die beiden Herren die erfahrene Frau Ziegler hinzu. Damit war der Entwurf des Programms insgesamt dreimal validiert. Im Praxisfall wird das Konzept anschließend erfolgreich dem (noch skeptischen) Geschäftsführer vorgelegt. Die Abstimmung mit anderen Führungskräften des Unternehmens entfällt an dieser Stelle jedoch.

**Programm- und Projektmanagement für „digital cooperation"**

**Zielsetzung und Anwendung**

Das Konzept soll schnell und reibungslos im Unternehmen implementiert werden, wobei die Anliegen und Kompetenzen einer „repräsentativen Stellvertretergruppe des Unternehmens" (=Fokusgruppe) eingebunden werden sollen. Damit dies in planvoller Weise erfolgen kann, entscheiden sich die Programmleiter für einen klassischen Aufbau.

**Nutzen**

Mit diesem Aufbau werden verschiedene Anspruchsgruppen im Unternehmen in die Konzepterstellung, die Konzeptrückkopplung mit der Geschäftsleitung und den Mitarbeitern vor Ort und dem Rollout eingebunden. Die Experten für die einzelnen Herausforderungen werden gehört und sie können ihre Rat- oder Vorschläge ungehemmt einbringen.

**Beschreibung**

Das Programm wird in Teilprojekte untergliedert. Später sollen die einzelnen Projektmitarbeiter nominiert werden, um den Aufwand überschaubar zu halten. Eine Fokusgruppe aus den verschiedenen Standorten ist zusammen mit den Programmleitern für die Konzepterstellung verantwortlich. So gelingt es, ein Programm „vom Unternehmen für das Unternehmen" zu erstellen. Auf einen professionellen Managementberater verzichtet das Unternehmen bewusst, weil Frau Ziegler bei ihrem früheren Arbeitgeber bereits mehrere Veränderungsprojekte betreute, gerne unterstützt und die Programmleiter professionell anleitet.

**Workshop mit Fokusgruppe**

**Zielsetzung und Anwendung**

Die Programmleiter nominieren die Mitglieder der Fokusgruppe und gewinnen sie einzeln für die Aufgabe. Damit eine echte „community" entsteht, also eine funktionierende Arbeitsgemeinschaft ohne Hierarchiegedanken, ist ein persönliches Treffen zu Beginn nötig. Beim Kick-off sollen sich alle Teilnehmer kennenlernen, Vertrauen aufbauen, eine gemeinsame Arbeitsweise etablieren und ersten fachlichen Input zum Konzept erarbeiten.

**Nutzen**

Auch wenn die späteren Arbeitskontakte überwiegend virtuell erfolgen werden, ist ein persönliches Treffen zu Beginn der Initiative unersetzlich. Die eingesetzten Reisekosten werden ausgeglichen durch die schnellere, effektivere und zielgerichtetere Zusammenarbeit im Rahmen des Programms. Mögliche Barrieren zwischen den Teilnehmern durch vertrauensbildende Bausteine in der Agenda aufgelöst, sodass Fachdiskussionen gut gelingen.

**Beschreibung**

Anna Ziegler entscheidet sich für einen Zwei-Tages-Workshop in den Räumen der Unternehmenszentrale, geleitet von einer externen Moderatorin. So können die Gäste aus USA und China den Aufenthalt mit weiteren Terminen verbinden. Sie versendet den ersten Entwurf der Agenda vor dem Workshop an alle Teilnehmer mit dem Hinweis, dass der Ablauf gemeinsam vor Ort konkretisiert wird. Ein wichtiges Signal an alle, dass man sich „auf Augenhöhe" treffen möchte. Vor Ort zeigte sich schnell, dass diese Flexibilität nötig war: der Ideenaustausch kommt nur schleppend in Gang. Zu Beginn dominieren Reibereien zu den individuellen Anliegen der Vertreter aus China, USA und Deutschland. Zudem stehen unterschiedliche Konzepte von Höflichkeit, Lernen und Führung stehen im Raum, sodass die Teilnehmer zuerst verunsichert auf die Arbeitsaufgaben reagieren und zuerst keine zufriedenstellenden Ergebnisse liefern. Am zweiten Tag gewinnt der Diskurs durch eine angemessene Moderation mit interkulturellem Feingefühl an Tempo. Die Zusammenkunft der Fokusgruppe liefert vielversprechende erste Ergebnisse. Die Basis für die Zusammenarbeit ist gelegt.

# Schluss: Quo vadis Führung?

Die größten Herausforderungen für Teams in der virtuellen Zusammenarbeit liegen aus meiner Sicht im „Faktor Mensch". Die technischen Voraussetzungen sind selbstverständlich eine *sine qua non*-Bedingung. Sie sind eine Notwendigkeit, ohne die über virtuelle Zusammenarbeit nicht nachgedacht werden darf. Selbst die ideale Ausstattung mit Kommunikationsmedien vermeidet jedoch nicht zwischenmenschliche Barrieren, die sich in der Zusammenarbeit auf Distanz aufbauen können. Das Arbeitsmodell wirkt deshalb auf viele Führungskräfte wie Mitarbeiter angreifbar.

**Warum?** Die Praxis meiner Kunden zeigt, dass man oft in der Zielerreichung hinter den Erwartungen zurückbleibt: Der Zeiteinsatz für die Anleitung und Qualifizierung aller Mitarbeiter ist immens, insgesamt entstehen hohe Aufwendungen für die Abstimmung in der Belegschaft – und die Qualität der Arbeitsergebnisse ist trotzdem nicht durchgängig zufriedenstellend. Vielfach fühlen sich die Mitarbeiter alleine gelassen, weil der Austausch mit dem Team oder dem Chef nicht „gut genug" funktioniert. Die Führungskräfte stehen als Folge unter Stress.

## Kompetenzprofile für die Arbeit in der digitalen Arbeitswelt

Gibt es Mitarbeiter und Führungskräfte, die für ein virtuelles Team besonders geeignet sind? So einfach lässt sich das nicht feststellen. Ein hohes Maß an Selbstmotivation und – aus meiner Sicht auch – fachlicher Reife sind wichtige Faktoren. Wie die Praxisfälle zeigen: Wichtig sind neben den Kompetenzen der beteiligten Personen auch die Fähigkeiten der Organisation. Diese Punkte ließen sich in meinen Gespräche mit Kunden, Geschäftspartnern und Studierenden als hilfreiche Voraussetzungen herauskristallisieren:

© Springer Fachmedien Wiesbaden GmbH 2018
S. Müller, *Virtuelle Führung*,
https://doi.org/10.1007/978-3-658-19913-5_4

- Positives Menschenbild von den Mitarbeitern und Führungskräften, also Vertrauen in sich und andere
- Leistungsdenken
- Delegation von Verantwortung mit passenden Arbeitsroutinen
- Klare und offene Information
- Konstruktive Fehlerkultur
- Interne und externe Netzwerke für den gleichberechtigten Gedankenaustausch[1]

Eine Unternehmenskultur, in der diese oder vergleichbare Merkmale wichtig sind, ist zweifellos besser geeignet für die Zusammenarbeit auf Distanz. Sie lässt den Menschen mehr Raum, sich selbst zu organisieren, was fachlichen und zwischenmenschlichen Input angeht. So kann die geringe persönliche Interaktion zudem durch effiziente Arbeitsroutinen ausgeglichen werden.

Klassische Ansprüche von Arbeitgebern wie enge Kontrolle über Menschen und Prozesse, strenge Hierarchien und Machtdenken bauen tendenziell eher Kommunikationsbarrieren auf, die in virtuellen Teams schnell zu k.o.-Kriterien werden können. Nach meiner Erfahrung folgen viele Unternehmen in Deutschland diesen rational orientierten Führungsmodellen, obwohl sie sich um die globale Kooperation bemühen.[2] Hier ist ein Spannungsfeld festzustellen, das sich erst noch auflösen muss.

Dabei fällt es auf, dass es an innovativen theoretischen Ideen und aktuellen Publikationen rund um das Thema „Führung 4.0" nicht mangelt. Zahlreiche Modelle kursieren. Insgesamt kann man eine große Offenheit für neue Ansätze in Fachkreisen attestieren. Konkrete Ausformungen oder Erfolgsgeschichten, wie die virtuelle Zusammenarbeit auf einer breiten Ebene zufriedenstellend für alle Anspruchsgruppen im Unternehmen gelingen kann, fehlen allerdings aus meiner Sicht noch. Die Lücke zwischen der gelebten Praxis in den Betrieben und dem Fachdiskurs ist aktuell noch nicht geschlossen. Die Ideen kommen in den Unternehmen noch nicht in der Fläche an.

Der Personalexperte Thomas Sattelberger schreibt optimistisch: „Sowohl Geführte als auch Führende sehnen sich nach einer neuen Führungskultur".[3]

Ich wünsche mir, mit meinem Buch einen Beitrag zum gelungenen Transfer dieser Ideen zu leisten. Unabhängig davon, ob Sie einen Präsenz- oder Telearbeitsplatz haben, werden neue Gedanken zu Führung unsere Arbeitswelt verändern. Die erfolgreichen Strategien und Tools der vorgestellten Praxisfälle zeigen, dass weniger neue Managementinstrumente benötigt werden als ein anderes Verständnis der Aufgabe und Rolle von Führungskräften.

---

[1]Vergleiche hierzu z. B. Hertel, G. [2], Doppler, K./Lauterburg, C. [1], Pribilla, P. [4], Remdisch, S. [5].

[2]Vergleiche hierzu auch Pribilla, P. [4], Seite 5, Abb. 1 und Seite 8, Abb. 3. Hertel, G. [2], Kondradt, U./Hertel, G. [3], Doppler, K./Lauterburg, C. [1], Remdisch, S. [5].

[3]Sattelberger, T. [6].

Die nächste Zukunft wird zeigen, wie sich die Arbeitswelt konkret ändern wird. So verweise ich nochmals augenzwinkernd auf mein Motto und wünsche Ihnen viel Freude bei der Lektüre dieses Buches:

> *Prognosen sind schwierig,*
> *besonders wenn sie die Zukunft betreffen.*
>
> Karl Valentin (1882–1948)

## Literatur

1. Doppler, K./Lauterburg, C. (2014), Change Management: Den Unternehmenswandel gestalten, 13. Auflage, Frankfurt/New York.
2. Hertel, G. (2002). Management virtueller Teams auf der Basis sozialpsychologischer Theorien: Das VIST Modell, in E. H. Witte (Hrsg.), Sozialpsychologie wirtschaftlicher Prozesse, Seiten 172–202, Lengerich, et.al.
3. Konradt, U./Hertel, G. (2002). Management virtueller Teams: von der Telearbeit zum virtuellen Unternehmen, Weinheim.
4. Pribilla, P. (2000), Führung in virtuellen Unternehmen, in: Zeitschrift für Betriebswirtschaftslehre (ZfB), Ergänzungsheft 2/2000, Albach, H. (Hrsg.), Seiten 1–12, Wiesbaden.
5. Remdisch, S. (2005), Distance Leadership, Führung auf Distanz, Forschungsprojekt der Universität Lüneburg, Forschungsmaterialien unter http://www2.leuphana.de/distanceleadership, Zugriff am 10.06.2017.
6. Sattelberger, T. (2016), Vielfalt statt Einheit, Für Offenheit und Pluralismus streiten, Reihe: Hirschfeld-Lectures, Bundesstiftung Magnus Hirschfeld (Hrsg.), Bd. 10, Göttingen.

34,99 €

Druck:
Canon Deutschland Business Services GmbH
im Auftrag der KNV-Gruppe
Ferdinand-Jühlke-Str. 7
99095 Erfurt